钱兆华　李　丽　文剑英　编著

自然辩证法
简明教程新编

Dialectics
of
Nature

江苏大学出版社
JIANGSU UNIVERSITY PRESS
镇　江

图书在版编目(CIP)数据

自然辩证法简明教程新编 / 钱兆华，李丽，文剑英编著．—镇江：江苏大学出版社，2017.8(2020.10重印)
ISBN 978-7-5684-0550-8

Ⅰ．①自…　Ⅱ．①钱…　②李…　③文…Ⅲ．①自然辩证法－研究生－教材　Ⅳ．①N031

中国版本图书馆 CIP 数据核字(2017)第 185694 号

自然辩证法简明教程新编
Ziran Bianzhengfa Jianming Jiaocheng Xinbian

编　　著/钱兆华　李　丽　文剑英
责任编辑/李经晶
出版发行/江苏大学出版社
地　　址/江苏省镇江市梦溪园巷 30 号(邮编：212003)
电　　话/0511-84446464(传真)
网　　址/http://press.ujs.edu.cn
排　　版/镇江文苑制版印刷有限责任公司
印　　刷/广东虎彩云印刷有限公司
开　　本/718 mm×1 000 mm　1/16
印　　张/12.75
字　　数/215 千字
版　　次/2017 年 8 月第 1 版　2020 年10月第 3 次印刷
书　　号/ISBN 978-7-5684-0550-8
定　　价/35.00 元

如有印装质量问题请与本社营销部联系(电话：0511-84440882)

序　言

自然辩证法是中国硕士研究生的一门政治理论公选课，也是一门学位课程。开设这门课程的主要目的是培养研究生用辩证唯物主义观点去看待和解释自然界的存在、演化规律以及人与自然界的关系；去看待和解释人类认识自然（科学研究）的实践活动及其成果的本质；去看待和解释科学、技术的本质和科学技术与其他社会因素之间的相互关系。在此基础上，让他们从思想上认识到作为一个科学工作者应当担负的社会责任和应当完成的历史使命。

今天，“科学技术是第一生产力”“科技创新是一个民族能否在21世纪立于世界民族之林的关键”，已经成为共识。然而，如何才能把科学技术搞上去，怎样才能提高科技创新能力呢？对这一问题，似乎还没有令人满意的答案。

其实，科学和技术是两个完全不同的概念：科学的本质是人类对自然界的认识成果，是一种知识体系；而技术的本质是人类为了在改造和利用自然界的过程中尽可能达到事半功倍的效果所运用的手段或方法。近代以来，之所以科学和技术之间的联系越来越紧密，是因为现代技术完全是建立在科学基础上的，是科学知识的应用：无线电技术以电磁场理论为基础，原子能技术以原子物理学理论为基础，超导、激光、微纳米技术以量子力学为基础，而克隆、转基因技术以基因理论为基础。所以，我们要想在技术上做出重大创新，就必须首先在科学上做出重大创新；没有科学上的重大创新，技术创新就成为无源之水，无本之木。

那么，科学的基础又是什么呢？科学的基础是哲学：首先，科学脱胎于、来源于哲学；其次，哲学作为信仰信念为科学研究活动开辟方向和道路；再次，哲学为科学提供形而上学基础；最后，哲学作为世界观为科学提供方法论基础。因此，我们可以毫不夸张地说，没有哲学的支撑，科学将成为空中楼阁。

这就意味着，要想把技术搞上去，首先就必须把科学搞上去；要想把科学搞上去，首先就必须把哲学搞上去，提高科学工作者的哲学水平。此外，科学技术创新的实质在于思维创新，或者说必须以思维创新为前提，而思维创新只能来自于多元化的哲学思想。自然辩证法作为马克思主义的科学技术哲学思想，恰恰可以为科技工作者提供一种思想方法的指导。

编著者

2017 年 5 月

目　录

绪　论　001

一、自然辩证法的学科性质　001
二、自然辩证法的研究对象和学科体系　002
三、自然辩证法发展简史　004

第一章　马克思主义自然观　007

第一节　马克思主义自然观的形成　009

一、朴素唯物主义自然观　009
二、机械唯物主义自然观　011
三、辩证唯物主义自然观　013

第二节　马克思主义自然观的发展　015

一、系统自然观　016
二、人工自然观　020
三、生态自然观　024

第二章　马克思主义科学技术观　029

第一节　马克思、恩格斯的科学技术思想　031

一、马克思、恩格斯科学技术思想的形成背景　031
二、马克思、恩格斯科学技术思想的主要内容　032

第二节　中国化马克思主义的科学技术思想　042

一、毛泽东的科学技术思想　042

二、邓小平的科学技术思想　048
三、江泽民的科学技术思想　055
四、胡锦涛的科学技术思想　058
五、习近平的科学技术思想　064

第三节　科学技术的本质及特点　069

一、科学的本质及构成　069
二、科学与技术之间的关系　073
三、科学与哲学之间的关系　076
四、经验技术和科学技术　080
五、当今科学技术的特点　087

第四节　科学技术的发展　092

一、科学发展的动力及模式　092
二、技术发展的动力及模式　102

第三章　科学技术方法论　109

第一节　科学技术方法概述　111

一、科学技术方法的含义及分类　111
二、科学技术方法在科研活动中的地位和作用　112
三、科学技术方法的发展与科学技术的发展:比翼双飞　113

第二节　科学技术的辩证思维方法　115

一、分析与综合　115
二、归纳与演绎　118

第三节　科学技术的实践方法　125

一、观察方法及其在科研中的作用　125
二、实验方法及其在科研中的作用　130

第四节　科学技术的精确思维方法——数学方法　137

一、数学方法及其特点　137

二、数学方法在科研中的作用 140
三、公理化方法 141

第四章 科学技术与社会 145

第一节 科学技术与社会一体化 147

一、科学技术社会化 147
二、社会科学技术化 158

第二节 科学共同体及其规范 161

一、科学共同体 161
二、科学家的社会分层 163
三、科学的规范结构 165

第三节 科学技术社会运行的不平衡性 167

一、科学技术社会运行在时间上的不平衡性 168
二、科学技术社会运行在空间上的不平衡性 169

第四节 科学技术革命 171

一、第一次科学技术革命 172
二、第二次科学技术革命 173
三、第三次科学技术革命 175
四、科学技术创新 178
五、科学家、技术专家的社会责任 182

附 录 188
后 记 193

绪　论

一、自然辩证法的学科性质

就学科性质而言，自然辩证法属于哲学。更严格地讲，它是马克思主义的科学技术哲学。

自然辩证法的哲学学科性质是由其自身的研究内容所决定的。首先，自然辩证法所研究的是自然界存在和演化的一般规律，它不研究自然界某一层次或某一领域中的特殊规律，因此，具有自然哲学的性质，而不具有自然科学的性质；其次，自然辩证法所研究的是人类认识自然界的一般方法，如观察、实验、归纳、演绎、数学方法等，它不研究人类认识自然界的特殊方法，如光谱分析法、理疗法、滴定法、离心力分离法等，因此，具有认识论和方法论的双重性质，而认识论和方法论都属于哲学；再次，自然辩证法所研究的是科学技术自身的性质、功能及其发展规律，因此，具有科学哲学和技术哲学的性质。所以说，自然辩证法明显地区别于科学和技术的各门具体学科，具有哲学性质。

不过，与马克思主义哲学的其他内容不同的是，由于自然辩证法的研究对象是自然界和科学技术本身，因此它与科学技术的联系更为密切和直接。无论从理论上还是从实际情况看，自然辩证法都属于马克思主义哲学和科学技术之间的中间层次，是马克思主义哲学和科学技术之间的桥梁。一方面，马克思主义哲学通过自然辩证法为人们认识自然界和进行科研活动提供世界观和方法论的指导；另一方面，科学技术的最新成果和科学技术方法的革新也通过自然辩证法充实和丰富到马克思主义哲学理论体系中，使之能够随着时代的发展而保持旺盛的生命力。

自然辩证法既然处于马克思主义哲学和科学技术之间的一个中间层次，那么它必然同时受到马克思主义哲学和科学技术的双重影响。马克思主义哲学对自然辩证法的影响主要表现在,自然辩证法关于自然界和科学技术理论都建立在马克思主义哲学基本观点上,受马克思主义哲学的指导;而科学技术对自然辩证法的影响则主要表现在,随着科学技术的不断发展,随着人类认识自然界的范围越来越广,层次越来越深,随着科学技术对社会的推动作用越来越明显,自然辩证法的研究内容、研究重点、研究取向、体系结构也必然会发生相应的改变。这就是说,尽管自然辩证法属于哲学性质,但它的研究必须以科学的实证研究为基础,必须根植于科学,否则,便会成为无源之水,无本之木。

自然辩证法作为马克思主义的科学技术哲学,与历史唯物主义相并列。可以这样理解:如果把历史唯物主义看作是对人类社会发展规律的揭示,看作是关于人类认识和改造人类社会的成果,即看作是社会科学理论成果的概括与总结,那么自然辩证法就可被看作是对自然界存在和演化规律的揭示,看作是人类认识和改造自然界的成果,即科学技术的理论成果的概括和总结。因此很显然,自然辩证法和历史唯物主义的区别就在于,自然辩证法研究自然界和人与自然界的关系,而历史唯物主义则研究社会和人与人之间的关系。所以,自然辩证法就是唯物主义和辩证法在自然界以及人类认识和改造自然界的活动中的运用。

二、自然辩证法的研究对象和学科体系

任何一门学科之所以能成为一门独立的学科,就是因为它有特定的研究对象,自然辩证法作为一门独立的学科当然也不例外。

自人类在自然界中诞生以后,人类社会的历史便开始了。纵观社会发展史,人类的一切文明都是建立在它改造和利用自然的社会实践基础之上的。事实上,人类与其他动物最根本的区别就在于:人类依赖于其自身改造和利用自然界的实践活动为自己的生存提供生活资料,并为自己的发展奠定物质基础;而其他动物都依赖于自身的本能来维持自身的生存。正是在这种意义上,我们说人类与自然界的关系是建立在实践基础上的一种认识与被认识、改造与被改造、利用与被利用的主客体关系,而其他动物和自然界之间则完全不存在这种主客体关系,因为从本质上讲,它们本身就是自然界的一部分。不过,人类和其他动物在生存方式上有一点却是共同的,那就是都必须从自然界中获取维持其生存所必需的物质资料。

由于人类的生存和发展要依赖于自然界,自然界的一切变化与人类社会息

息相关,因此,认识自然界就成了人类一项必须完成的紧迫任务。而人类改造和利用自然界的实践活动是一种有意识、有目的的活动,为了使这种活动能达到事半功倍的效果,人类在长期的实践活动中逐渐发明了科学技术。当科学技术成为人类改造和利用自然界的一种主要手段,从而成为推动人类社会进步的强大动力时,科学技术本身的性质、功能及发展规律就成了人类所关心的一个重大课题。此外,人类认识自然界这一活动本身也必须要达到事半功倍的效果,即如何才能更准确、更有效地认识自然界也是人类所要解决的重大问题。

这样一来,自然辩证法作为马克思主义哲学的一门分支学科——马克思主义的科学技术哲学,其研究对象主要包括四个组成部分:

第一,自然界存在、演化的一般规律以及人与自然界之间的关系——自然观。

第二,科学技术自身的性质、功能及其发展规律——科学技术观。

第三,人类如何准确、有效地认识和改造自然界的方法——科学技术方法论。

第四,科学技术与人类社会之间是如何相互作用、相互影响的——科学技术与社会。

因此,自然辩证法作为马克思主义的科学技术哲学,从其学科内容看,相应地也主要包括三大组成部分:自然哲学、科学技术哲学和科技与社会。它们各自的研究内容如图 1-1 所示。

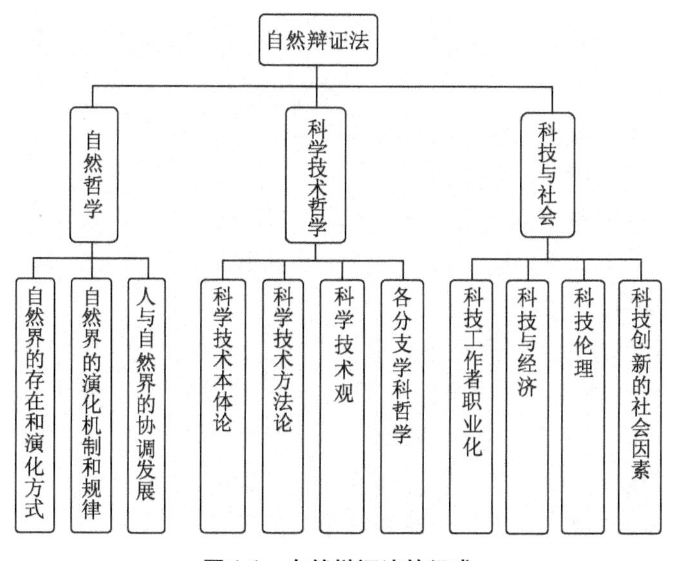

图 1-1　自然辩证法的组成

本教材在博采众长的基础上,在国家教育部颁布的《自然辩证法教学大纲》的指导下,力求做到尽可能紧跟时代前进的步伐,并保证自然辩证法理论体系的完整性和系统性,让读者在学完该教材后对自然辩证法这一学科有一个基本的全面的了解。基于这一考虑,除各门学科的科学哲学和技术哲学外,本教材已基本涵盖了自然辩证法所包含的所有主干内容。

不过需要指出的是,由于自然辩证法的理论体系要随着科学技术的发展而不断充实和丰富新的内容,同时又由于各人的观点不尽相同,因此尽管自然辩证法已经是一门比较成熟的学科,但其体系结构也并不存在一个一成不变的固定框架,这是我们学习时应当注意的。例如,由于现代大型工程对整个社会的经济、生态等方面会产生重大影响,因此近十几年来工程哲学方兴未艾,为自然辩证法学科体系增添了新的内容。

三、自然辩证法发展简史

恩格斯的《自然辩证法》的出版无疑是自然辩证法这一学科诞生的标志。《自然辩证法》是恩格斯的一部没有最终完成的手稿,在恩格斯去世 30 年后的 1925 年首次以德、俄两种文字对照本在苏联出版。同年,德波林又发表了《恩格斯与辩证的自然观》一书,宣传介绍了恩格斯的自然辩证法思想。1930 年,他又出版了《辩证法与自然科学》和《列宁与最新物理学的危机》,从而导致一场激烈的学术争论,这种争论实际上也推动了自然辩证法这一学科的发展。

20 世纪 50 年代以后,自然辩证法研究又恢复了生机,获得了健康发展。从 1976 年开始,苏联出版了一套新的丛书《唯物辩证法——现代自然科学的逻辑和方法论》。该丛书在总结概括 20 世纪以来自然科学成果的基础上,借鉴西方科学哲学的研究成果,开拓了许多新的研究领域,不仅对科学知识的体系、结构、功能、评价、检验、发展和解释等问题进行了专门研究,而且还重点研究了边缘科学、交叉科学、横断科学及科学、技术和社会之间的关系方面的许多问题,取得了丰硕成果。

我国的自然辩证法研究最早起步于 20 世纪 20 年代末。1928 年出版了《马克思主义人种由来说》,此书即恩格斯《自然辩证法》中的“劳动从猿到人转变中的作用”一节。1932 年,《自然辩证法》全书的中译本出版。1938 年,由高士其等人发起,在延安成立了一个《自然辩证法》读书小组。1939 年,延安自然科学院成立,1942 年还组织了伽利略逝世和牛顿诞辰 300 周年的纪念活动。

新中国成立后,自然辩证法研究获得了长足进步。1956 年中共中央制定全国 12 年(1956—1967 年)科学发展远景规划,自然辩证法研究成为哲学社会科学研究规划的一个重要组成部分。同年,在中国科学院哲学所成立了自然辩证法研究小组,并创办了专业杂志《自然辩证法研究通讯》。

中国共产党的十一届三中全会召开以后,自然辩证法研究和其他各项事业一样,也开始步入正轨。1981 年 10 月,中国自然辩证法研究会成立大会暨首届学术年会在北京召开,至 1986 年,除中国西藏地区和台湾地区外,我国各省都成立了各自的自然辩证法研究会。

1978 年中国大陆开始有计划、成建制、大规模地培养硕士和博士研究生,而自然辩证法被定为理工农医管类硕士研究生的唯一公共政治理论课、学位课(80 学时,3 学分),许多著名高校和研究机构也开始招收自然辩证法(科学技术哲学)专业的研究生,从而极大地推动了我国自然辩证法研究事业的迅速发展。随着 20 世纪以来科学、技术和社会的发展,科学技术对经济发展的影响越来越显著,它促进了自然辩证法许多分支学科的诞生,并取得了突飞猛进的发展,从而形成了所谓的“自然辩证法学科群”。这一学科群涵盖了自然哲学、科学哲学、技术哲学、工程哲学、科学技术史、科学技术方法论、科学学、科技政策与科技管理、科技伦理等众多学科内容,逐渐形成了自然辩证法这一学科自己的特色和研究领域。

第一章　马克思主义自然观

当人类在这个地球上诞生后,地球生态系统的演化过程就受到了人类的影响,因为人类的生存方式与其他所有物种的生存方式有本质区别:其他物种靠自身的本能或生理能力生存,是被动地适应自然界;而人类主要靠自己的意识生存,靠有目的、有计划地改造和利用自然界为自己的生存提供物质资料和各种条件。所以,人类既是自然界的一部分,又与自然界之间存在认识与被认识、改造与被改造的主客体关系。由于人类按自己的目的和计划对自然界进行改造和利用,并且规模越来越大,因而影响了自然界的演化过程,从而导致所谓的生态危机。今天,这种生态危机持续恶化,在很大程度上已经危及人类自身的生存。因此,我们应当如何正确认识自然界,树立正确的自然观,如何正确认识和处理人类与自然界之间的关系,就显得非常重要和必要。

第一节　马克思主义自然观的形成

一、朴素唯物主义自然观

“求知是人类的本性。”①严格地讲，人类有目的、有意识地认识自然界从人类诞生的那一天起就开始了。随着生产实践范围的不断扩大，人类的知识也在不断积累，这使得人们有可能从不同角度、不同侧面和不同层次对自然界进行认识。在此基础上，人类逐渐形成了对自然界的构成、自然界的存在方式和自然界的演化过程的比较系统的看法，即形成了最早的自然观。

公元前6世纪，古希腊的第一位自然哲学家，米利都的泰勒斯认为水是世界万物的本原，万物来源于水，最终又复归于水。他的学生阿那克西曼德认为，构成世界万物的本原是一种物质的“无限者”，从永恒的无限者之中分出冷和热、干和湿的对立面，就构成了万物，最后又复归到无限者。阿那克西曼德还认为，地球是万物的中心，太阳与星星是从原来的火焰炽热的外衣中分出来的碎片，并绕地球转动。在夜间，太阳就转到下面去了。另一位古希腊哲学家赫拉克利特则认为，世界的本原是一团永恒的活火，它按一定的尺度燃烧、熄灭，按照上升和下降之路依次往返循环，转化为水、土、气，从而形成万物，组成一个有秩序的宇宙。赫拉克利特据此提出了“一切皆流，万物常新”的命题。他说：“我们不能两次踏进同一条河，……踏进同一条河的人，不断遇到新的水流。”②很显然，这是对辩证唯物主义原则的绝妙说明。因此，列宁把赫拉克利特看作是“辩证法的奠基人之一”。

留基伯和他的学生德谟克利特创立的原子论也许是古希腊关于自然界由物质构成的最完整、最系统的学说。原子说认为，原子和虚空作为存在和非存在，都是构造自然万物的本原。原子非常微小，内部坚实，因而不可分割。而且由于原子非常小，所以人凭感官是感觉不到的。世界上的一切事物都由原子构成，但原子与原子之间并不是密实的，而是虚空的，虚空为原子提供运动所需的场所和空间。一切原子都同质，只是在形状和大小上有无限多样的差异，它们在虚空中组合时又有次序和位置的差异，这就是世界上有多种多样的物质形态

① 亚里士多德：《形而上学》，吴寿彭译，商务印书馆，1959年，第1页。
② 北大哲学系外国哲学史教研室：《西方哲学原著选读》，商务印书馆，1981年，第23页。

的原因。原子相互冲撞、勾连而分离和结合，造成一切自然物体的生成和毁灭。从近现代科学史看，原子论思想对科学发展的影响是非常明显的，无论是道尔顿的原子说，还是基本粒子理论和夸克理论都可以从古希腊原子论中找到其最初的"思想遗传基因"。正如科学史家丹皮尔所说："不管它在哲学上的价值怎样，在科学上，德谟克利特的原子说要比它以前和以后的任何学说都更接近现代观点。"①

亚里士多德是古希腊哲学和科学知识的集大成者，他的博大精深的自然哲学体系，对当时几乎所有的自然科学知识都做了系统性的总结和概括，在哲学史和科学史上都占有极高的地位。亚里士多德不同意原子说，尤其不接受"虚空"的说法。他接受并发展了恩培多克勒的元素论，认为物质的本质可以在四种不同而相反的本原的基本性质（热和冷、湿和干）中找到，这四种性质两两结合而形成四种元素，即土、水、气、火。四种元素之间可以互相转化，并按不同比例组成不同类的物质。与古希腊绝大多数哲学家一样，亚里士多德也认为自然界处于永恒的运动变化之中，物质和运动是不可分的，而且物体的运动是无限的。

同古希腊的自然哲学相似，中国古代人根据自己的经验，也逐渐形成了五行说、阴阳说、八卦说和元气说等自然观学说。五行说认为，构成世界万物的本原是金、木、水、火、土，但金、木、水、火、土之间并不是互相孤立的，而是相互联系，并可以相互转化的。它们相生相克，引起事物的变化。如木生火，火生土，土生金，金生水，水生木；水克火，火克金，金克木，木克土，土克水等。五行说对中国古代的天文、数学、医学的发展产生过重大影响。阴阳说用阴、阳二气来解释自然界中一切事物的发展变化的原因。阳代表积极、进取、刚强等属性，而阴代表消极、退守、柔弱等属性。阴阳永远处于对立、互动、消长、转化的矛盾中。阴阳说把自然界有规则的变化称作是"阴阳有序"，把自然界中的反常现象看作是"阴阳失调"。后来，阴阳说和五行说结合起来，形成了阴阳五行说，它是中医学的理论基础。八卦说最早在《周易》中就有了详细的论述。它用符号一长线"—"代表阳，两短线"--"代表阴，由此组成八种基本图形，代表八种基本事物和现象：名为乾、坤、震、巽、坎、离、艮、兑，分别代表天、地、雷、风、水、火、山、泽。其中天、地是父母，产生雷、风、水、火、山、泽六个子女。所以乾坤两卦是自然界一切现象的最初根源。它用八卦的错综配合，千变万化，来说明世间的万事万

① 丹皮尔：《科学史》，李珩译，商务印书馆，1975年，第62页。

物的发展变化。后来，它与阴阳学说结合起来，形成了所谓的阴阳八卦说，并成为中国从古到今长盛不衰的算命、占卜的理论基础。元气说则认为，气是构成天地万物（包括人在内）的一种统一的物质，是世界的本原。万物之所以产生是因为元气的凝结，万物死灭后仍复归为元气。因此说，气所凝结的万物皆有生有死，而元气则无生无死、无始无终，是永恒的、不朽的。气有阴气和阳气，存在的方式分有形和无形，它们自己运行、休止、凝结、流动，并进行相互作用，因此时而分离，时而汇聚，时而吸引，时而拒斥，正是这种对立面的矛盾运动导致天地之间各种物质形态的运动发展。

古希腊和中国古代朴素的唯物主义自然观的最显著特点是，从整体上对自然界的构成和存在方式及其演化形式做了直观的考察，勾勒出了自然界的总画面，肯定了自然界的物质性和统一性，并论述了自然界中的一切事物是相互联系、相互作用的，并在一定的条件下可以相互转化，还提出了对立面的统一和斗争是世界万物发展变化的内在原因的思想。这些基本观点渗透了明显的辩证法思想。但是在科学很不发达的古代，自然科学不可能为哲学提供丰富可靠的自然史知识，因此古代自然哲学家主要是在直观的基础上，运用理性思维，对自然现象进行笼统的、模糊的、肤浅的、思辨性的抽象概括。这样，古代的自然观就必然带有局限性：质朴性、思辨性、猜测性。由于质朴性，它们把自然界的本原看作是诸如水、土、火、气等具体的物质，因而不能科学地解释自然界物质形态的多样性；由于思辨性，它们把自然界的运动看成是一个圆圈式的简单循环，因而不能深刻地解释自然界的各种运动形式内在联系的过程性；由于猜测性，自然哲学家们提出了许多天才的预见，启发了后人的科学创造，然而更多的猜测却是幼稚或错误的，甚至带有神秘主义色彩。因此，古代唯物主义和辩证的自然观尽管在总体上具有合理性，但它们并没有建立在科学的基础上，所以我们把它叫作朴素的自然观。

二、机械唯物主义自然观

从 14 世纪末开始，经过 15、16 世纪，欧洲实现了从封建社会向资本主义社会的过渡。由于当时基督教教会完全垄断了文化、社会精神生活，严重地阻碍了社会各方面的发展，因此无论是农民、手工工人的起义，还是新兴的资产阶级反对封建制度的斗争，或者是具有进步思想的学者、艺术家反对宗教神学的抗争，都集中表现为反对教会的专制统治。正是在这样的历史背景下，当时欧洲大地上迅速掀起了一场声势浩大、影响深远的宗教改革和文艺复兴运动。

文艺复兴运动的中心思想是“人文主义(Humanism)”,它的主旨是提倡人性,批判神性;提倡人权,鄙视神权;崇尚理性,摒弃神启。鼓吹个性解放和人的自由,反对宗教桎梏的束缚,把人从宗教神学的控制下彻底解放出来。文艺复兴的代表人物有但丁、佩特拉克(被称为“人文主义之父”)、薄伽丘、蒙台涅和爱拉斯谟等人。

随着文艺复兴运动和宗教改革运动的发展,追求思想解放,追求个性自由,追求人权,崇尚人性,探寻真理之风在整个欧洲大地上蓬勃兴起。

第一个以科学为武器向宗教神学提出挑战的是波兰天文学家哥白尼,他于1543年出版了《天体运行论》,提出了日心说。日心说的提出彻底推翻了作为宗教教义理论基础之一的托勒密的地心说。这样一来,宗教神学受到了沉重的打击,禁锢人们头脑的宗教信条也被彻底动摇了,“从此自然科学便开始从神学中解放出来”①,走上了独立发展的道路。

从1543年到18世纪,许多自然科学学科都先后诞生,其中发展最快的是力学。1687年,牛顿的《自然哲学的数学原理》的出版既标志着以力学为中心的科学知识的第一次大综合,也标志着经典力学理论体系的大厦已经完全建立。除力学、光学和数学发展较快之外,自然科学的其他各学科基本还处在搜集资料的阶段,处于起始阶段,自然科学家都在他们各自的研究领域里进行工作,根本无暇顾及其他学科的进展情况,因而也不了解不同学科之间和不同自然现象之间的本质联系。与自然科学发展的这些特点相适应,随之诞生了机械唯物主义或形而上学自然观:用孤立的、静止的、机械的、外因的观点看世界。这就是说,机械唯物主义或形而上学自然观的出现有其必然性,因为它是当时自然科学发展状况在哲学领域中的直接的、真实的反映。正是由于人们都在各自的研究领域开展工作,不知道自己所研究的自然现象与其他自然现象之间的联系,因此就产生了孤立的观点;正是由于大多数学科正处于搜集静止材料的阶段,人们不知道这些材料之间的承前启后或先后顺序关系,因此就产生了静止的观点;正是由于力学超前发展,并成了其他学科仿效的典范,人们都习惯于把其他各种纷繁复杂的自然现象强行纳入力学框架进行解释,把它们看成是由力学规律支配的机械现象的叠加,因此就产生了机械的观点,笛卡尔的《动物是机器》和拉·美特利的《人是机器》就是其集中体现;正是由于人们对事物的认识基本上还停留在现象层次上,还没有能够深入事物内部对其本质进行认识,

① 恩格斯:《自然辩证法》,人民出版社,1984年,第7页。

再加上牛顿力学认为任何物体只有在外力的作用下才能改变其运动状态，否则物体就将永远保持其原先的状态，因此就产生了外因论的观点。

由此可见，近代机械唯物主义或形而上学自然观完全是由当时自然科学的发展水平，亦即由当时人们对自然界的认识水平所决定的。不言而喻，同中世纪的神学自然观相比，机械唯物主义自然观是一个进步。不过，同古代朴素唯物主义自然观相比，尽管在细节上近代机械唯物主义或形而上学自然观是建立在科学基础上的，但在总体上却是退步了。“因为它看到一个一个的事物，忘了它们互相的联系；看到它们的存在，忘了它们的产生和消失；看到它们的静止，忘了它们的运动；因为它只见树木，不见森林。”①正由于此，随着自然科学研究的不断深入，机械唯物主义或形而上学自然观必将为辩证唯物主义自然观所取代。

三、辩证唯物主义自然观

如果说17、18世纪近代科学的绝大多数学科还处于起步阶段，那么19世纪就是近代科学的飞速发展和成熟时期。从18世纪下半叶到19世纪，近代自然科学经过了约三个世纪的搜集材料阶段，开始进入系统地整理材料并上升到理论概括的阶段。正如恩格斯所说：“事实上，直到上一世纪末，自然科学主要是搜集材料的科学，关于既成事物的科学，但是在本世纪，自然科学本质上是整理材料的科学，是关于过程，是关于这些事物的发生发展以及关于这些自然过程结合为一个伟大整体的联系的科学。”②这就导致自然科学各个领域内许多划时代的重大发现，使得人们对自然界的认识水平大大地提高了，使得原来的形而上学自然观越来越站不住脚了，而辩证唯物主义自然观也就逐渐开始形成。按照恩格斯的观点，促使辩证唯物主义自然观诞生的主要有六大科学成就，恩格斯把它们称为在僵化的形而上学自然观上打开的六大缺口。

在僵化的形而上学自然观上打开第一个缺口的是德国哲学家康德和法国科学家拉普拉斯的科学成就。1755年，康德发表了《宇宙发展史概论》（原书名为《关于诸天体的一般发展史和一般理论，或根据牛顿原理试论宇宙的结构和机械的起源》），提出了关于太阳系起源于星云的假说。康德从自然历史观和宇宙发展论思想出发，认为今天的太阳系是从早期的弥漫物质（星云）通过自身的

① 中共中央马克思、恩格斯、列宁、斯大林著作编译局：《马克思恩格斯选集》（第3卷），人民出版社，1972年，第61页。

② 恩格斯：《路德维希·费尔巴哈和德国古典哲学的终结》，人民出版社，1972年，35－36页。

引力和斥力的相互作用,逐步演化而来的有序的天体系统,第一次把“地球和整个太阳系表现为某种在时间的进程中逐渐生成的东西”①,而不是一种完全静止不变的东西。1796 年,法国科学家拉普拉斯在《宇宙体系论》中,也独立地提出了与康德类似的太阳系起源的星云假说,并用数学和牛顿力学理论进行了严密的论证,从而使之更具科学性和说服力,并产生了深远的影响。后人把这一学说称为“康德-拉普拉斯星云假说”。

在僵化的形而上学自然观上打开第二个缺口的是化学家维勒的科学成果。维勒在化学研究中所获得的大量第一手研究资料表明,用普通的化学方法,氰、氰酸银、氨水、氯化铵等无机物按不同的途径可以合成同一有机物——尿素,并于 1828 年写成了《论尿素的人工合成》一文。而且,维勒还证明有机物尿素和无机物氰酸氨有着同样的化学组成,都是碳、氢、氧、氮的化合物。这就彻底打破了旧的传统观念——有机物和无机物是两种性质完全不同的事物,它们之间有不可逾越的鸿沟。

在僵化的形而上学自然观上打开第三个缺口的是地质学家赖尔的渐变论思想。1830 年,赖尔发表了《地质学原理》,提出地球演化的渐变说。赖尔认为,地球表面的变迁是各种自然力,如风雨、河流、潮汐、冰雪、火山爆发、地震等综合作用的结果,从而给了居维叶关于地球演化的突变论观点以致命性打击。

在僵化的形而上学自然观上打开第四个缺口的是施莱登和施旺的细胞学说。德国植物学家施莱登在总结前人成果的基础上,提出细胞是一切植物结构的基本单位和一切植物借以发展的根本实体的学说。1839 年,德国动物学家施旺把这一结论推广到动物界,提出了细胞是一切生物的基本单位的概念,并首先提出“细胞学说”的名称,把世界上 100 多万种动物和 30 多万种植物在细胞结构的基础上统一了起来。

在僵化的形而上学自然观上打开第五个缺口的是焦耳等人提出的能量守恒和转化定律。1842 年,德国医生迈尔发表了《论无机界的力》一文,首先证明了机械能、热能、化学能、电磁能之间可以相互转化,并推算出热的机械当量。与此同时,英国实验物理学家焦耳从 1833 年到 1878 年前后做了 40 多年的实验,致力于精确测定热功当量以证明能量转化和守恒定律。1843 年,他在论文《论磁电的热效应和热的机械值》中提出了“自然界的力量是不能毁灭的,哪里消失了机械功,总能得到相当的热”的见解。1849 年,他在《论热的机械当量》

① 恩格斯:《自然辩证法》,人民出版社,1984 年,第 11 页。

总结性论文中，不仅证明了不同能量形式可以相互转化，而且还证明了在能量转化过程中总能量是守恒的。

在僵化的形而上学自然观上打开第六个缺口的是达尔文的生物进化论。1859 年，达尔文经过长期的科学考察和研究写成了《物种起源》一书，在书中他大胆地提出了以自然选择为基础的生物进化理论。进化论用大量事实说明了生物界的任何物种都有它产生、发展和灭亡的历史，现代植物、动物包括人在内，都是自然界长期进化的结果，从而揭示出生物从简单到复杂、从低级到高级不断发展变化的自然图景。

自然科学领域内的这一系列重大成就充分说明：第一，自然界中纷繁复杂、千变万化、具有无限多样性的物质形态的背后具有统一性；这种统一性又决定了不同的物质形态之间是相互联系、相互作用的，而且在一定条件下还可以相互转化。例如，有机物和无机物，动物和植物，热能、机械能、电能和化学能，尽管属于不同的物质形态，但它们都具有统一性，并且可以相互转化。第二，自然界中的一切事物都在永恒的变化和发展之中，“一切僵化的东西融化了，一切固定的东西消散了，一切被当作永久存在的东西变成了转瞬即逝的东西，整个自然界被证明是在永恒的流动和循环中运动着”[①]。例如，无论是太阳系、地球，还是生物物种，都有其产生、发展和衰亡的历史，它们本质上都是一个过程。第三，自然界中一切事物的变化和发展都是由于其内部矛盾的运动所促成的，而不是仅由外部原因推动的。太阳系的演化由引力和斥力引起，生物的进化由遗传和变异所决定，地球的演化由地球自身的自然力所促成，等等。

很显然，自然科学的迅猛发展使得形而上学自然观的彻底被抛弃和辩证唯物主义自然观的诞生都成为必然。正是在这一情况下，恩格斯及时对当时自然科学成果及其哲学意义进行了高度概括，写下了光辉巨著《自然辩证法》。在《自然辩证法》中，恩格斯不仅系统地论述了辩证唯物主义自然观，同时还论述了科学技术的本质、发展过程及其规律，科学认识论和方法论方面的有关问题，从而确立了自然辩证法理论体系的总框架。所以说，《自然辩证法》的写成是自然辩证法这一学科诞生的主要标志。

第二节　马克思主义自然观的发展

20 世纪以来，科学技术和社会进步促进了马克思主义自然观的丰富和发

---

① 恩格斯:《自然辩证法》，人民出版社，1984 年，第 15 页。

展，这种发展是继承性、丰富性的发展，是具体形态上的发展，主要体现为系统自然观、人工自然观、生态自然观的产生与演化。系统自然观、人工自然观、生态自然观是中国马克思主义自然观的重要内容，是马克思主义自然观发展的当代形态。

一、系统自然观

系统自然观是以系统科学为基础，对自然界存在与演化的认识，是以整体联系和系统集合体来思考自然界的方式。现代系统科学揭示了自然界的系统性、联系性、整体性、结构层次性等。系统自然观的基本观点认为：自然界是确定性与随机性、简单性与复杂性、线性与非线性的辩证统一。

（一） 系统自然观的渊源与萌芽

系统自然观认为自然界是一个由一系列子系统有机联系所构成的整体系统。这种系统与元素、整体与部分的思维在古代与近代的不同流派的哲学观点中都能找寻到其踪迹。

在西方哲学思想中，古希腊赫拉克利特在《论自然》中，就有关于“世界是包括一切的整体”的思想；德谟克利特把整个宇宙和自然界看成一个大系统；亚里士多德有“整体大于它的各部分的总和”的思想；近代狄德罗主张自然界是由各种元素构成的物质的总体，经历了由低级到高级的进化过程；霍尔巴赫认为自然界是由“不同的物质”和“不同的运动的组合而产生的一个大的整体”[①]；康德认为物质的宇宙是一个整体的体系。在中国思想体系中，同样有自然界是由“阴阳”和“五行”构成的统一的、“自发的有组织的世界”的思想；《周易》认为整个世界宇宙是由天、地、雷、风、水、火、山、泽八种要素构成的。

在马克思恩格斯哲学思想中，同样存在“系统”思维的萌芽。马克思认为组成自然系统的部分不断解构成比它小的部分的过程，其实就是自然系统中小的部分主体性显示和表达的过程。他说：“……个体化的东西不断分解为元素的东西是自然过程的要素，正如元素的东西不断个体化也是自然过程的要素一样”[②]；恩格斯在《自然辩证法》中提到，“我们看到，纯粹的量的分割是有一个极限的，到了这个极限它就转化为质的差别：物体纯粹由分子构成。但它是本质上不同于分子的东西，正如分子又不同于原子一样。”这些思想和观点无不体现

① 霍尔巴赫：《自然的体系》（上卷），商务印书馆，1964年，第17页。

② 中共中央马克思、恩格斯、列宁、斯大林著作编译局：《马克思恩格斯全集》（第30卷），人民出版社，1995年，第425页。

了整体与部分、总体与元素、结构与层次的“系统”思维。

（二）系统自然观的理论基础

近代自然科学认为，人类对于自然的认识会随着科学技术的发展变得透明而简单，但是20世纪后，随着科学的进步，人类对自然认识的深入，科学家发现，自然变得越来越复杂。于是，“系统”思维的萌芽得以发展，产生了解释复杂世界的系统论、自组织理论等科学理论。

1. 一般系统论思想

“系统”（System）源于古代希腊文，意为部分组成的整体。系统论的创立者是理论生物学家L. V. 贝塔朗菲，他在1932年发表了“抗体系统论”，提出了系统论的思想。1968年贝塔朗菲发表的专著《一般系统理论的基础、发展和应用》确立了系统论的科学学术地位。

一般系统论认为，系统是由若干要素以一定结构形式联结构成的具有某种功能的有机整体。这个定义中包括了系统、要素、结构、功能四个概念，表明了要素与要素、要素与系统、系统与环境三方面的关系。其一，系统是由诸多要素或部分构成的集合体；其二，系统中的诸多要素之间必有一定的联系；其三，系统的属性、规律和功能不等同于组成它的要素或要素之和；其四，系统处于环境之中，与其他系统进行物质、信息和能量的交换。

系统论的核心思想是整体论和等级秩序。贝塔朗菲强调，任何系统都是一个有机的整体，它不是各个部分的机械组合或简单相加，系统的整体功能是各要素在孤立状态下所没有的性质。他用亚里士多德的“整体大于部分之和”的名言来说明系统的整体性，反对那种认为要素性能好，整体性能就一定好，以局部说明整体的机械论的观点。系统内部各要素之间相互作用的方式和排列秩序是系统的结构，系统在环境中与其他系统相互关联时所反映的属性是系统的功能，功能在一定的条件下可以独立。结构决定功能，功能反作用于结构。要素在系统中具有错综复杂的相互联系，任何局部的变化都会对系统产生整体的影响，这种影响不仅体现在系统本身及其要素，也体现在系统的改变对其环境的影响。

等级秩序是系统组成的一个特点，每个系统中的要素都是由次级要素构成的系统，次级要素又是由更次级的要素构成的系统，要素对系统的整体属性和功能具有决定作用。而系统一旦形成，各要素和子系统的属性和行为就要受到系统整体的影响，或选择，或约束，或放大。等级秩序的观念视所有事物都是一个有结构、有层次的整体，系统的形成是按每一个等级层次逐级递增的方式进行的，每一个新的等级层次的出现都代表系统新属性或新功能的出现。越复杂的系统，其等级层次越高，整合性和统一性越强，同时，也越多样和富于变化。

2. 自组织理论

自组织理论（Self-organizing Theory）是20世纪60年代末期开始建立并发展起来的一种系统理论，是系统论的进一步深化。自组织理论主要研究复杂系统形成与发展的问题，即在一定条件下，系统是如何自动地由无序走向有序，由低级有序走向高级有序的。

自组织是系统自行有序化、组织化和系统化的过程。同时，并不是所有系统都可以自组织，仍然有被组织系统的存在。被组织系统指那些只能依靠外部特定指令推动，不能自行组织、自行演化，被动地从无序到有序，被动进化的组织。被组织系统存在于自组织系统基础之上，离开自组织系统，被组织系统因无法得到外界推动从而失去生命力。

自组织理论是由耗散结构论、协同论、分形理论、超循环理论、突变论和混沌论构成的庞大理论体系，它们从不同的角度丰富和发展了自组织理论。

（三） 系统自然观的内涵

系统自然观就是用系统论的观念和思维来看待自然。自然是一个开放的、动态的、整体的、等级层次性的自组织系统。

1. 人与自然的关系

用系统的观念来审视自然大系统，我们发现，作为具有自然属性的人类和人类实践活动所形成的人类社会，与其所属的自然环境都是自然大系统中的子系统。人类、社会、自然环境三个子系统之间相互联系，相互制约。实践是三者之间相互作用的中介，自然大系统的属性与发展规律是三者之间相互制约的约束力。

第一，人作为自然产物，对于自然是受动的，这是人存在和活动的第一先决条件。同时，人作为自然大系统的子系统，具有一定的相对独立性。人在自然系统中具有主体性，能够发挥主观能动性，通过实践活动来认识自然、改造自然，对自然大系统产生影响，从而扩大人类的生存空间，增强对自然的适应能力。

第二，人类不可能脱离自然系统独立存在，人的实践活动同样受自然系统的制约。人类和自然环境通过实践作用，在时间和空间上进行多渠道、多变量、多层次的物质、信息、能量交换，通过竞争与博弈达到人类与自然的协同。人与自然的和谐相处是最理想的状态，达到系统的整体最优化。

2．自然界的存在特性

经典科学认为自然界是简单的、线性的、严格遵循逻辑确定性的研究对象。但是现代科学的发展，揭示了自然的复杂性。其一，自然具有整体性。自然并不是诸多要素的简单组合，而是各要素相互联系，相互影响，相互协同，按照一定的秩序方式有机地构成的自然系统。其二，自然具有动态性。自然具有产生、发展、成熟、衰落的动态过程，同时，自然的动态性还体现在平衡与平衡破坏建立新的平衡这样的运动中。其三，自然具有开放性。自然系统的开放性体现在其始终存在与外界的物质、能量和信息的流动。其四，自然具有层次性。构成自然系统的有诸多子系统，子系统同时是由次级子系统所构成的。自然系统又是更大一级的系统的子系统。诸多子系统按照等级秩序的方式构成系统。

3．自然界的演化方式

自然界的存在与演化方式是系统自然观的重要内容。根据系统科学和自组织理论，自然界物质系统不可能是被组织系统，必然是自组织系统，按照开放、远离平衡态、非线性作用与涨落作用构成的自组织机制进行演化。

（1）开放系统。根据热力学第二定律，孤立系统无法自动减熵，使系统通过自组织走向有序，从而最终导致系统成为“死”系统。只有开放系统，通过与外界的物质能量交换，保证足够的负熵流，才能使系统维持有序性或进化。

（2）远离平衡态。处于平衡态的系统无法进行自组织，比如常温下静置的物体，水平差等于零的虹吸管中的液体，都是因为处于平衡态而失去自身的动态和变化。如果强化外界环境条件，使其突破一定的临界点，使系统超出平衡态，达到远离平衡态，自组织才可能形成。

（3）非线性作用。线性是指系统中的量与量之间是正相关关系，量之和等于总体，系统各要素之间具有独立性。非线性指系统各要素相关、集合形成系统整体新质。自然界存在的相互作用基本都是非线性的，线性作用只是非线性作用的特例。

（4）涨落。涨落是系统某种此起彼伏的波动。远离平衡态的开放系统，在非线性作用下有可能出现自组织现象，在参量超过临界点时，系统虽不稳定，但没有扰动是不会离开原有状态的，涨落就是这种扰动。涨落在任何过程中总是存在的，带有偶然性，是随机出现的。由于涨落的扰动，使系统离开原有定态，形成新的有序状态。涨落是自组织的诱因。

自然界是无限循环发展的。根据能量守恒定律，一个系统从不平衡走向平衡，能量是不可能消失的，在达到平衡态的系统中，能量是在更为微观的物质不平衡运动中存在的，具体地说，微观的物质是在不断的周期组织与离散中存在的，不平衡不断在微观产生有序，不过这种有序是不稳定的，它马上就会沦于无序，并释放内聚的能量重新在周围产生不平衡，而这种不平衡又会使混沌的物质重新产生有序，以此往复，能量便在这永恒的不平衡运动中存在下来，系统也就是在这种永恒的不平衡的运动中保持整体的平衡态的，故自然界是一个混沌、有序不断交替的过程。

二、人工自然观

人工自然观是对人工自然的存在、产生和发展规律，以及人工自然与天然自然之间关系的总结和概括，是关于人类改造自然界总的看法和观点。

（一） 人工自然的思想渊源

自人类从自然中分化出来开始，人类便通过实践活动有目的地对自然界进行认识和改造，从而产生了人工之物。对于人工之物的看法和思想观念从古就有，为当今的人工自然观的形成和发展提供了思想源泉。

亚里士多德把人造物品称为“人工产物”或“人工客体”，并论述了它们与已有的自然之物的区别①。中国古代有关于“制天命而用之”的“勘天”思想和“人工”或“人力”（人类创造自然的能力）、“百货”（农业和手工业的产品）、“百工”（制造器具的工匠）等概念和思想。近代培根提出“人为事物”，反映了当时人类改造自然界、创造自然物的观点：既要“在物体上产生和添加一种或多种新的性质”又要“在尽可能的范围内把具体的物体转化”②；霍布斯主张人既属于自然物体又属于人工物体；康德提出“人为自然界立法”“自然向人生成”的改造自然的思想；黑格尔从实践理念出发，论述了改造自然过程中的目的和手段之间的辩证关系。马克思把“在人类历史中即在人类社会的产生过程中形成的自然界”看成为“人的现实的自然界”“人类学的自然界”③；马克思还提出“人化的自然”和“人化自然”的概念。

我国著名哲学家于光远在20世纪60年代提出了“人工的自然”和“社会的自然”的新认识。有的学者还提出人造自然是“第二自然”的概念，将未被人类认识和改造的自然定义为“第一自然”。

---

① 亚里士多德：《物理学》，商务印书馆，1997年，第44页。

② 培根：《新工具》，商务印书馆，1997年，第106页。

③ 中共中央马克思、恩格斯、列宁、斯大林著作编译局：《马克思恩格斯全集》（第42卷），人民出版社，1979年，第128页。

（二）人工自然概要

1．人工自然的概念

人类根据自己生存和发展的需要，有目的地改造自然界。自然界在人的实践活动中被烙印下属人的痕迹，产生自然界的人化过程。我们把人类有目的的活动产物，把经过人类改造、创造、加工过的自然界称为人工自然。

人工自然的概念相对于天然自然，天然自然是不依赖于人而存在的物质世界。天然自然不仅不为人的意识而改变，而且不依赖人的任何行为和人为系统。天然自然在人类之前和人类之后都依然存在。但需要注意的是，天然自然的概念和提法只有相对于人工自然才具有意义，没有人类和人工自然，也就没有天然自然概念的存在。

人类是天然自然发展到一定阶段的产物，是自然的第一次分化。人类不断地认识和改造天然自然，使天然自然不断地人化，形成人化自然。人化自然进一步发展，产生狭义的人工自然。人化自然是广义的人工自然，是人类认识和影响的自然。人工自然的产生是自然的第二次分化。人工自然源于天然自然，受天然自然规律的约束。所以，一般认为天然自然是“第一自然”，人工自然是“第二自然”。

2．人工自然的特点

人工自然无法离开天然自然独立存在，其源于天然自然，与天然自然有共同之处，但两者也有巨大的区别。

（1）人工自然具有双重性。人工自然分化于天然自然，与天然自然同样具有客观物质性。不同的是，人工自然依赖于人的意识，是人类有目的、有计划地认识自然、改造自然的体现，既具有物质性，又具有社会属性。人类不仅根据自身的需要改造自然，还通过科学技术和其他实践活动创造出自然界本不存在的事物，既具有受动性也具有主动性。人工自然既为人类存在发展提供资源，又是人类的生产工具。人工自然既要遵循自然规律，又要遵循科学技术规律和社会规律。人工自然都会造成一定的自然结果，既给人类带来巨大的利益，也造成了一些损害，比如生态破坏等。

（2）人工自然具有重要性。人类和社会的存在与发展离不开天然自然。天然自然对人类的约束性越来越显著，自然能源对国家的经济发展起着非常重要的作用，同时自然环境和生态的破坏改变对人类发展的约束力逐渐增大。但相对来说，人类生存所需的资源却越来越依赖于人工自然。在人类发展早期，天然自然对人类的影响相对较大。比如文明的发源与地理环境有重要的正相关关系;人类赖以生存的吃、穿、住等生活资料基本来源于天然自然。随着科学技术的发展,人工自然的逐步扩大,人类更依赖于人工自然。比如对自然能源的发掘与获取都需要利用改造后的自然或者科学技术平台;人的衣食住行更加依赖于加工过的产品或者人工创造出的新物质。所以人类的生存和发展对天然自然的直接依赖逐步减少,人工自然对人类具有更加重要的地位。

(3) 人工自然具有演化加速性。自然界的演化异常漫长,天体的变化、地质的改变、生物的进化都依靠自然系统漫长的自组织过程进行演化。人工自然同样发生不断的变化,但这种变化是一种具有加速度的演化。随着人类实践活动的不断积累,从千年的文明演变开始到近代百年科学技术的迅猛发展,人工自然的变化不断缩小运行周期。从蒸汽到电能再到核能,这种科技革命历程越来越短暂。电子计算机技术 3 ~5 年就更新换代一次。人工智能从简单判断到挑战世界围棋高手而不败也仅用了 20 多年的时间。人工自然迅速发展的几十年、上百年的时间,在天然自然的演化进程中往往是微不足道的。

(三) 人工自然观的内涵

1. 人工自然与天然自然

人工自然由人而产生,是天然自然的一部分。人工自然与天然自然具有共同的物质特征和自然规律,天然自然的规律是人工自然产生的前提和条件,但同时人工自然是人为满足自身目的而创造的人为自然,社会性是人工自然更本质的属性,人工自然的存在和发展更要遵循社会规律。所以对于人工自然的评价不能仅依靠自然规律,还需要运用社会的、经济的眼光来看待和衡量人工自然。人通过实践活动不断地创造人工自然,使天然自然逐渐人化。人类可以认识和改造天然自然,但不能创造天然自然。人要认识、控制、改造自然,创造出有益于人的人造物和人工自然,但同时在实际上也破坏了人生存的自然环境,造成环境污染、资源浪费、生态破坏等。这种破坏性的结果可能并不是人类改造自然的目的,但实际上是人类实践活动的结果,同样是属于人工自然的一部分。所以人要与自然和谐相处,人工自然和天然自然是统一自然界的两个密切相关的部分。它们相联系、相区别、相对立、相协调,是改造与被改造的对立统一。

2. 人是人工自然的起点和归宿

工具的制作标志着人脱离自然的动物而成为人,工具就是人造物,是人工自然原初。人在实践劳动中成为人,人本身就是人工的自然物,人成为人,才有了人工自然的产生。所以人工自然是与人本身同时产生的,而且人是人工自然的起点。人创造人工自然,其指向仍然在人,人工自然服务于人,其意义在于人,所以人又是人工自然的归宿。人的生存依赖于人工自然,而人工自然的存在依赖于人。其一,人工自然具有目的性。人工自然最直接的体现是满足人类的生存发展需要。人在改造自然、创造人工自然时,将人的目的因素注入自然界中,将天然自然物改造成合目的的运行,或者利用天然之物创造成合目的的人造之物。所以人工自然不仅合自然律的运行趋势,而且合人目的的运行方向。其二,人工自然具有能动性。人工自然的产生和发展,是人有目的、有计划、有意识的体现,是人创造性和能动性的表现。人诞生于自然,受自然规律的制约。同时人具有反抗自然的本质,人发挥主观能动性,通过实践将意识和精神烙印在人造物中,不断地改造自然之物,使其符合自身生存和发展的需要。人工自然始终体现了人类的能动性,体现了精神向物质的转换。其三,人工自然具有实践性。实践性是人的根本特性,人通过实践活动使人成为人本身。同样,人通过实践活动认识自然、改造自然。人工自然是人实践活动的产物,是社会实践的凝结。其四,人工自然具有价值性。人工自然是人类目的、计划和意志的产物,是为了满足人的生存发展需要的为人的自然。人工自然的客观属性应与人的客观需要相统一,人工自然是人的客观需要的价值客体,是人的需要的物质化,离开了人的客观需要,人工自然的客观属性就失去了其所有的价值,人工自然的存在也失去了其意义。

3. 人工自然不断发展演化

人是人工自然的起点,人工自然是与人的发展一同发展的。人从落后愚昧到先进文明,从简单无知到复杂理性,人工自然作为人的创造物也随人发展,总体上经历了从简单到复杂,从低级到高级的演化历程。人工自然的不断进步和演化是自然大系统演化的一种继续,是自然系统一个特殊的演化阶段。

人工自然的演化是持续不断的,同时,人工自然的演化是不可逆的。进入人的实践活动范围的天然自然,不可能脱离人类实践而重新成为天然自然。人工自然的发展始终遵循从无序到有序,从低级到高级的发展方向,人工自然总是随着人类科学技术的发展而不断进步,科学技术始终以高级先进来代替和淘汰低级落后。

人工自然的演化存在阶段性。人工自然在其发展和演化过程中明显表现出一定的阶段性,即在一段确定的阶段内,人工自然的发展具有一定的稳定性和持续性,但会通过突变和不稳定快速演化到另一个阶段,然后又呈现出一定的稳定持续性。

三、生态自然观

生态自然观是系统自然观在人类生态领域的具体体现,是马克思主义自然观发展的现代形式之一,是人与生态系统辩证关系的总的看法和观点。

(一) 生态自然观的思想渊源

古希腊人海波克拉提斯在《空气、水及场地》一书中论述了植物和气候变化的关系,被认为是最早的关于生态思想的文献;亚里士多德在《论灵魂》中广泛地探讨了生命的活动形式,认为一切自然事物都导向某种目的,目的是自然运动变化的本质,论证了目的因存在于自然产生和自然存在的事物中,目的的规定是自然事物的内在决定性,是自然的一部分,主张人和其他有机体共存于自然界系统中。古代中国提出了"天人合一"的思想,主张人类只是天地万物中的一个部分,人与自然是息息相通的一体,人与自然界之间要和谐共处、协调发展;卢梭认为,"人类征服自然界的自由并没有带来人的自由,技能的进步并不伴随着道德的进步"。

马克思和恩格斯的理论体系中也包含了丰富的生态思想。马克思和恩格斯主张人是自然界的产物,是自然界的一部分,人的生存和发展依赖于自然界,认为"人本身是自然界的产物,是在自己所处的环境中并且和这个环境一起发展起来的"①。人通过实践活动改造自然界,使人的本质得到确认。同时人要按照自然规律来改造自然界,自然界才会朝着有利于人类生存发展的方向发展。

(二) 生态自然观的现实根据和理论基础

1. 生态自然观的现实根据

近百年来,随着人类科学技术的进步,工业和城市的扩张,经济的发展,人类对自然的改造不断扩大。在形成人工自然的同时,带来了对自然造成损害的结果。特别是20世纪中叶以来,人类社会经济发展的进一步加速,对自然的损害从局部破坏发展到整个地球生态系统的严重破坏,这种生态危机是生态自然观形成的现实根据。

当代的生态危机主要表现在人口问题、资源问题和环境问题三个方面。

(1) 人口问题是人口数量与环境容量的矛盾体现。地球的生态容量是有限的,人口不可能无限增长。目前人口数量与增长速度都呈正增长态势,这是

---

① 中共中央马克思、恩格斯、列宁、斯大林著作编译局:《马克思恩格斯选集》(第3卷),人民出版社,1995年,第314页。

人口问题的主要矛盾。人口问题还体现在人口与资源相适应上,包括粮食、能源、环境资源等。人口的增长,势必需要开发和利用更多的资源,更多的自然消耗,对环境造成更大的冲击,对整个生态系统形成更大的压力。根据全球的人口状况统计,人口增长大部分集中在低收入国家、生态环境不利的地区。这种情况必然造成全球生态系统承受力的不平衡,造成局部生态受到更加深刻的冲击。

(2) 资源问题是人口增长和经济发展对自然资源的过度开采和不合理利用所造成的问题。自然资源是人类生存和发展必不可少的物质基础。资源问题主要表现在非再生资源的枯竭和可再生资源的锐减和濒危。资源问题主要是由于人类的掠夺性开发和使用,超出了地球生态系统的承受能力,造成了资源危机。

(3) 环境问题是因为人类活动所造成的环境质量的变化,危害到人类和其他生物生存及生态系统稳定的现象。环境问题主要表现在人类对自然资源的过度开发,科学技术的应用和工业发展所带来的大范围的生态退化,以及生命维持系统的大气圈、水圈和土壤圈的污染。这种污染远超自然环境的自我净化能力,对整个生态系统造成严重的破坏。

生态危机是人的实践活动的直接体现,但人的实践活动与生态危机的产生存在非必然性。人改造自然的行为势必造成自然原有状态的破坏,但是这种破坏是在一定平衡态上的破坏,即旧的自然形态的破坏,新的人工自然形态的产生,新的平衡态代替旧的平衡态。所以,生态危机产生的根源不在于人的实践活动,而在于人与自然对立冲突的自然观,机械唯物主义是这种自然观的哲学基础。

2. 生态自然观的理论基础

系统科学、环境学、生态学是生态自然观的现代科学理论基础。

系统科学中整体论的思想揭示了自然界的一切都是以系统的方式存在的。人和自然同在自然大系统中。自然是人与生物系统、环境系统相互协调统一的整体。

生态学是研究生物体与其周围环境(包括非生物环境和生物环境)相互关系的科学。生态学揭示任何生物的生存都不是孤立的,同种个体之间有互助有竞争,植物、动物、微生物之间也存在复杂的相生相克关系。人类为满足自身的需要,不断改造环境,环境反过来又影响人类。生态学认为,生态系统是由许多子系统或组分通过相互作用和协同形成的有序自组织结构。生态系统发展的目标是整体功能的完善，而不是组分的增长。所以，生态系统是整体性和多样性的统一体。整体性保证了没有生态系统之外独立存在的客体对其产生单向的作用，多样性则保证了整个生态系统的稳定性。生态系统中任何一个物种都与其他物种和环境存在着相互依赖和相互制约的关系，包括食物链关系、竞争、互利共生、生态代谢和物质循环等。一个健康的生态系统是稳定的和可持续的，在时间上能够维持它的组织结构和自治，也能够维持对胁迫的恢复力还能够在维持其复杂性同时满足人类的需求。

（三） 生态自然观的内涵

1. 生态自然观的观点

生态自然观是在全球生态危机的背景下，在系统科学、生态科学发展的推动下，继承马克思和恩格斯关于自然生态的思想，发展形成的当代自然观的形式之一。生态自然观要求建立人与自然的新型关系，要求人与自然和谐发展。

（1）人与自然是高度相关的有机统一体。人是自然系统的一部分，人和自然系统中的任何一个物质种类一样，其生存和发展离不开对自然的依赖。生态危机的出现就是，人将自身从自然系统中剥离出来，使人处于与自然对立的关系上，认为人可以征服自然，人可以控制自然无限度地为人所用，将人与自然看成主客二分的对立系统。所以为了维护人类的生存发展环境，保持自然大系统的平衡发展，就需要重新审视人与自然的关系，要求正确认识人与自然的对立统一性，调节和约束人类自身行为，改善人的价值观和思维方式，优化人与自然的关系和人与人的关系，建立人与自然的和谐统一，协调进化的生态文明，优化协调天然自然与人工自然的关系，最终实现人类与生态系统的协调发展。

（2）科学技术具有新的伦理价值。科学技术是人类认识自然、改变自然的最直接的实践活动。生态系统的破坏同样与科学技术的应用有直接的关系。生态危机的出现，揭示了人类并没有完全认识和掌握自然发展演化的规律，人类的实践活动具有一定的盲目性。在生态自然观下，科学技术不应仅仅是满足人们取得生产生活资料的手段，更应该成为调节人与自然关系的手段与途径。科学技术应该被赋予新的生态的价值理性。其一，科学技术不再只具有单纯的以人为价值主体的工具价值性。科学技术服务人的同时，也应该为自然提供服务。其二，科学技术的应用应该经过自然伦理和价值的选择。科学技术不但要满足人的物质和精神需要，也要将科学技术的选择与生态环境的保护结合起来。

（3）尊重并实现自然的内在价值与人的独特价值。生态自然观认为人需要高度认可并维护自然的内在价值。人在自然中具有较高的存在价值，但自然系统中，人并不是唯一具有内在价值的存在。作为自然的一部分，人的内在价值不可能大于自然的整体内在价值。人与其他存在物都是自然大系统的一部分，所以，人类应该自觉地维护自然系统的多样性与价值多样性。

人在自然系统中具有独特的内在价值和主体地位。人具有智慧、思维意识、道德约束。人能够认识到自然系统的存在和演化特点与趋势，人能够约束自身行为来维护自然系统的平衡发展。所以，生态自然观认为人类对于生态平衡的认识，不应该只停留在为了人的生存发展而不得不采取措施的认识上，而应该将维护生态系统平衡作为实现人类自身内在价值和存在主体性的主要方式。将尊重自然内在价值多样性和正确认识人的自身内在价值视为人类文明的一种新的存在方式。

2. 对人类中心主义与非人类中心主义的超越

生态自然观是马克思主义自然观的当代发展，它强调人在生态系统中的主体作用和独特的内在价值与地位，但更加强调在自然大系统中，任何存在物，包括人对其他存在物的意义、价值和影响。所以我们要坚持批判的原则，正确认识生态自然观与其他西方自然观思想的区别。

西方学术意义上的人类中心主义是指一种以人为宇宙中心的价值观。与人类中心主义相对立的是 20 世纪 70 年代开始形成的非人类中心主义思潮，包括动物权利论、生物中心论和生态中心论。现代人类中心主义注重整体地看待人与自然的关系，同样反对自然生态环境的破坏，体现了相对于近代人类中心主义的非人类存在物没有内在价值，只有工具价值的思想的进步性和合理性。但它强调人类对植物、动物的关怀，对自然生态系统的维系，最终目的还是为了人类自己，而不是为了自然本身。非人类中心主义的代表观点是生态中心主义的观点。它从整体出发，强调自然的内在价值，强调利益主体的多元化，反对物种歧视，扩大了价值主体的边界，把人与自然的关系纳入伦理调整的范畴。但同时，生态中心主义过分强调了系统的主导地位，人与物的等量性，忽视了人的主体地位与主观能动性，看不到人类活动的意义。

生态自然观反对片面地强调人类中心主义或者非人类中心主义，并不是忽视人类的主体性，也不是忽略自然系统内在的多元价值。而是从自然大系统的思维出发，使人在正确地认识自然规律的基础上，合理地改造自然和利用自然，实现对人类中心主义和非人类中心主义的超越。

第二章　马克思主义科学技术观

科学技术作为人类认识和改造自然界的活动，在今天的人类实践中占有越来越重要的地位，科学技术成果对整个人类社会的影响越来越直接，越来越明显，越来越普遍，它几乎改变了整个世界的面貌。因此，我们有必要对科学技术本身进行深刻反思：科学技术的本质、特点究竟是什么？科学技术的发展模式是什么，其发展受哪些因素的影响？等等。总而言之，如何看待科学技术本身的问题是我们必须要研究和讨论的重要问题。

第一节　马克思、恩格斯的科学技术思想

马克思、恩格斯的科学技术思想的精髓在于:站在马克思主义的主场上,用整体性、系统性、开放性的眼光,把握科学技术、生产方式、生产关系、社会关系、生活方式之间的内在联系,追求人、自然、社会的和谐统一。强调科学技术的发展与人的本质力量的展现是同一个过程。这种科技创新的基本主张为我国当前解决科技创新“由谁来创新”、“动力哪里来”、“成果如何用”三个基本问题,以及我国科学技术“创新、创新、再创新”的发展方向提供了纲领性的方法论指导。

一、马克思、恩格斯科学技术思想的形成背景

科学的理论是反映时代的精神结晶,任何理论产生的背后必定有着特定环境的影响,马克思、恩格斯的科学技术思想同样如此。19 世纪欧洲自然科学领域的突破、机器大工业的发展、资产阶级的壮大,无不对马克思、恩格斯科学技术思想的形成发挥着重要影响。

(一) 科学技术的发展

科学技术思想,顾名思义即关于科学技术的思想,科学技术思想的形成需要建立在科学技术的发展之上。文艺复兴运动让自然科学冲破了宗教神学的羁绊,开始蓬勃发展,直至 19 世纪出现了对思想领域有着重大影响的三大发现——星云假说、能量守恒定律和生物进化论。

星云假说、能量守恒定律的提出,让人们日益发现万事万物的变动,不断生成变化的世界逐渐在人们的面前展开。理论的发现在推动科学技术进一步向前发展的同时也为马克思和恩格斯辩证的科学技术观的形成创造了条件。而生物进化论的影响更是得到了马克思和恩格斯的肯定,马克思曾说:“达尔文的著作非常有意义,这本书我可以用来当做历史上的阶级斗争的自然科学根据。”[①]并称《物种起源》给他们提供了“一个自然史的基础”[②]。马克思去世时,恩格斯在他的葬礼上也说,“正像达尔文发现有机界的发展规律一样,马克思发现了人类历史的发展规律”[③]。这无不体现了自然科学的发展为马克思、恩格斯科学技术思想的形成奠定了坚实的基础。

---

① 中共中央马克思、恩格斯、列宁、斯大林著作编译局:《马克思恩格斯全集》(第 10 卷),人民出版社,2009 年,第 179 页。

②③ 同①,第 601 页。

（二） 哲学思想的变革

19 世纪上半期，以英法实证主义为代表的哲学家着重批判传统形而上学的思辨性，强调哲学要以实证自然科学为基础，应成为自然科学的方法论和认识论。他们要求建立一种排除思辨形而上学、追求实证（经验）知识的可靠性和确切性的哲学，由此开创了西方哲学中“科学主义”的思潮。科学主义思潮对马克思、恩格斯科学技术思想的形成起着不小的影响，让马克思、恩格斯在思考政治经济等领域的同时也对科学技术领域进行了深入思考。除了实证主义、科学主义的直接影响，德国古典哲学同样对马克思、恩格斯科学技术思想的形成产生了重要影响。内容丰富的德国古典哲学，思想体系庞杂，但以康德为代表的主体性精神始终贯穿其中，为马克思、恩格斯形成关注人性的科学技术思想提供了理论指导，同时黑格尔哲学的辩证法精髓，也被马克思、恩格斯批判地继承，最终形成了全面辩证的人道主义科学技术思想。

（三） 阶级矛盾的震荡

自 15 世纪宗教改革开始，封建主义逐渐没落，直至 18 世纪全面崩溃，资产阶级走上了历史舞台。但上台后的资本家并没有兑现自己对无产阶级的承诺，反而走向了无产阶级的对立面，通过压榨工人来满足自身阶级利益，让无产阶级陷入水深火热的恶劣生活之中，一时间各类工人起义风起云涌，但都以失败告终。

致力于改变人类命运的马克思、恩格斯，面对当时社会日益尖锐的阶级矛盾，从政治、经济、文化等各个方面对无产阶级解放途径、资产阶级运行方式进行了思考。在此大环境下，作为推动社会物质资料发展但最终异化成为压榨无产阶级工具的科学技术，自然也被纳入思考的范围，并因其对生产力发展的强大推动作用而成为思考的重要内容。

科学技术的发展、哲学思想的变革、阶级矛盾的震荡，无不把对科学技术的思考提上日程，站在历史风口浪尖上的马克思、恩格斯就是在这样的历史大背景下形成了他们自己的科学技术思想。

二、马克思、恩格斯科学技术思想的主要内容

马克思的科学技术观认为科学是在实践中产生的，是建立在实践基础之上的产物。感性经验及相应的实验科学对科学技术的发现起到至关重要的作用。他第一次明确表明其科学立场是在《1844 年经济学哲学手稿》当中，

他指出自然科学已经“通过工业日益在实践上进入人的生活，改造人的生活”[①]。而在《德意志意识形态》中，科学技术被更为具体集中地赋予实践性：“历史唯物主义认为一切科学的基础都是感性”，“即感性的、对象性的活动和实践。”[②]“甚至整个‘纯粹的’自然科学也只是由于商业和工业，由于人们的感性活动才达到自己的目的和获得材料的。”[③]显然马克思在关于科学技术本质的认识方面，并不是简单将其当作抽象意识的活动，而认为科学技术是人在实践中创造的感性实在的活动。由于人是实践的主体，因此在此意义上可以进一步说，马克思认为科学技术是属人的，其本质与人本质具有内在的一致性。正如马克思在《1844 年经济学哲学手稿》中所述，“工业的历史和工业的已经生成的对象性的存在，是一本打开了的关于人的本质力量的书”[④]，“工业是自然界同人之间，因而也是自然科学同人之间的现实的历史关系。因此，如果把工业看成人的本质力量的公开的展示，那么，自然界的人的本质，或者人的自然本质，也就可以理解了”[⑤]。

（一）科学技术与人

科学技术是人实践的产物，人用自己的智慧劳动推动着科学技术发展，注定了科学技术与人息息相关。虽然科学技术在资本的控制下逐步异化，走向了人的对立面，但其对人的发展的积极方面应当给予恰当的肯定。

第一，关于科学技术与科技人才。科学研究是为了更好地造福人类，因此马克思在《资本论》中说：“科学日益被自觉地应用于技术方面”[⑥]，推动着经济的进步。科技人才作为从事科学活动的专业性人才是推动科学技术发展的主力军。马克思以蒸汽机的发明为例赞扬道：“瓦特的伟大之处就在于，他预见到蒸汽机的一切可能用途，并指出利用它来建造机车，锻造金属等的可能性。”[⑦]但是马克思也强调科技人才是社会的产物，科学技术的进步也会促进各大领域人才的创造，“机器在 17 世纪的应用是极其重要的，因为它为当时的大数学家创

---

① 中共中央马克思、恩格斯、列宁、斯大林著作编译局：《马克思恩格斯全集》（第 3 卷），人民出版社，2002 年，第 272 页。

② 徐志宏：《生存论境遇中的科学——马克思科学观研究》，复旦大学出版社，2010 年，第 82 - 84 页。

③ 中共中央马克思、恩格斯、列宁、斯大林著作编译局：《马克思恩格斯选集》（第 1 卷），人民出版社，1995 年，第 49 页。

④ 马克思：《1844 年经济学哲学手稿》，人民出版社，2000 年，第 88，89 - 90 页。

⑤ 马克思：《1844 年经济学哲学手稿》，人民出版社，1985 年，第 85 页。

⑥ 中共中央马克思、恩格斯、列宁、斯大林著作编译局：《马克思恩格斯全集》（第 23 卷），人民出版社，1995 年，第 829 - 832 页。

⑦ 马克思：《机器、自然力和科学的应用》. 人民出版社，1978 年，第 120 页。

立现代力学提供了实际的支点和刺激”①。并且随着社会分工的发展,科学技术复杂性的增加,科学劳动日益成为一种群体性活动,对于整个时代的科技人才而言,社会环境在一定意义上具有决定意义,因为科学技术活动不仅建立在前人的研究成果之上,并且还需要团队式的协作活动,所以马克思说,“如果有一部批判的工艺史,就会证明,十八世纪的任何发明,很少是属于某一个人”②。在此基础上,马克思认为“科学绝不是一种自私自利的享乐”③,作为一名优秀的科技人才要重视合作、勇于奉献。这不仅是马克思提出的对科技人才自我修养的要求,更是时代发展、社会环境对科技人才提出的必然要求。

第二,科学技术与工人。在资本主义社会,一切由资本掌舵,“资本不创造科学,但是它为了生产过程的需要,利用科学,占有科学。这样一来,科学作为应用于生产的科学同时就和直接劳动相分离……”④。因为资本的追求是实现自身的增殖,而增殖的方式则是通过压榨劳动者而实现的,科学技术成为协助资本进行压榨的工具,也必然导致“知识和技能的积累,社会智慧的一般生产力的积累,就同劳动相对立而被吸收在资本当中,从而表现为资本的属性”⑤。因此具备资本属性的科学技术在参与生产的环节中发生了异化,“机器劳动……侵吞身体和精神上的一切自由活动。甚至减轻劳动也成了折磨人的手段,因为机器不再是使工人摆脱劳动而是使工人的劳动毫无内容”⑥。虽然科学技术将工人变成了机器的奴隶,但科学技术在资本的引领下迅速发展,它推动了机器的改良,为解放生产力创造了客观条件,最终为实现共产主义和无产阶级的解放创造了物质条件。(具体的科学技术异化和人的解放内容将在后面“科学异化分析”中展开。)

(二) 科学技术与生产力的关系

第一,科学技术推动生产力的发展。虽然马克思指出生产力的发展是综合因素发展的结果,物质生产资料、劳动力发展水平、客观自然条件、人文社会环境等因素都会对生产力发展产生影响,但马克思认为撇开其他要素,生产力的

---

① 中共中央马克思、恩格斯、列宁、斯大林著作编译局:《马克思恩格斯全集》(第23卷),人民出版社,1991年,第386-387页。

② 中共中央马克思、恩格斯、列宁、斯大林著作编译局:《马克思恩格斯全集》(第23卷),人民出版社,1995年,第409页。

③ 中共中央马克思、恩格斯、列宁、斯大林著作编译局:《马克思恩格斯全集》(第23卷),人民出版社,1972年,第26页。

④ 马克思:《机器、自然力和科学的应用》,人民出版社,1978年,第206页。

⑤ 中共中央马克思、恩格斯、列宁、斯大林著作编译局:《马克思恩格斯全集》(第46卷)(下),人民出版社,1980年,第210页。

⑥ 同③,第463页。

发展也“来源于智力劳动,特别是自然科学的发展”①。即使是精神生产领域的各个生产部门的发展往往也与科学技术的进步联系在一起。因此恩格斯在《马克思墓前悼词草稿》中讲道:马克思首先把科学“看成是历史的有力杠杆……最高意义上的革命力量”②。同时在资本的驱动下,科学技术被赋予了应用生产、促进生产的使命,科学技术逐步融入生产过程之中,并日益成为生产过程中的重要因素。并且科学技术一旦创造出足够的价值,弥补了前期社会为它的投入,那么在后期它便如自然力一样具备了持久的价值,成为“社会劳动的自然力”,表现为“社会劳动所赠送的自然礼品”③。正如马克思所说:“只要自然科学教人以自然因素来代替人的劳动……它就可以使……社会不费分文,而使商品降价”④,从而具备了与其他自然力同样的优势。

第二,科学技术转变为直接生产力的方式。在实践的过程中,科学技术作为一种既需要解决实际问题也需要解决理论问题的活动,主要通过人与物两种途径,参与到现实的生产过程中去。人的途径主要是指科学技术的发展成果以知识、技术的形式传播给人们,丰富着人们的精神世界,指导着人们日常生活中的生产实践,提高工人劳动的生产效率,从而促进社会进步,生产力发展。物的途径主要是指科学技术参与到生产的环节,科学技术成果促使生产工具变革,最终“它自己就是技术专家。它在自身发生作用的力学规律和它自身持久不息的自动运行中,具有自己的心灵;正像劳动者消费食物一样,它也消费煤炭、油料等等(辅助材料)”⑤。

同时,资本的增殖即生产力的发展也受到了科学技术物化的限制,科学技术解决、协调、发展着机器生产,科学技术越是深入生产过程,其对社会生活的影响便越大。但任何结果的获得都需要付出相应的代价,科学技术想要转化为可以投入生产的机器并不简单。无论是人力资源、物质材料的供给,还是研发机器的实验过程都需要大量的资金支持,正如马克思所说:“像人呼吸必须有肺一样,他要生产地消费各种自然力,必须有一个人‘手的制成品’。要利用水的推动力,水车是必要的;要利用蒸汽的伸张力,蒸汽机是必要的。就这点说,科

---

① 中共中央马克思、恩格斯、列宁、斯大林著作编译局:《马克思恩格斯全集》(第25卷),人民出版社,1995年,第97页。

② 中共中央马克思、恩格斯、列宁、斯大林著作编译局:《马克思恩格斯全集》(第19卷),人民出版社,1963年,第372页。

③ 马克思:《政治经济学批判大纲》(第3分册),人民出版社,1963年,第350页。

④ 中共中央马克思、恩格斯、列宁、斯大林著作编译局:《马克思恩格斯全集》(第26卷),人民出版社,1963年,第630页。

⑤ 同③,第347页。

学也和自然力一样。”①电流作用范围内磁针偏倚的规律、铁周围通电流后将会磁化的规律一经发现，就无须再花费一分铜钱。但要在电报等用途上利用这些规律，仍然要有一个很花钱的复杂的装备。”

第三，科学技术发展与生产力发展的统一。正如前文所分析的那样，科学技术日益深入到生产的过程中，无论是生产中的人们还是生产所需的固定资本都直接地受到了科学技术的影响，科学技术已然成为促进生产力发展的重要因素。同时，建立在过去生产力基础之上发展的科学技术更是反映生产力发展的一面镜子。科学技术发展至此，它与生产力已具有了发展的内在统一性。马克思生活于19世纪这个资本主义、科学技术同时迅速发展的时代，自然也感受到二者之间不可忽视的联系，并在《资本论》《经济学手稿》《机器与大工业》《机器：自然力和科学的应用》等著作中对科学技术发展与生产力发展的统一性做了深刻分析。

在资本主义的生产方式下，现有的自然条件已经难以满足资本扩张的野心，科学技术转化为社会的自然力量，打破了工厂手工业生产的局限性，实现了大机器的集体化生产，促进生产方式改良、推动管理方式优化，有效地提高了劳动生产效率。同时蒸汽机、火车等交通运输工具的发明打破了时间与空间的局限性，在便利人们生活的同时改变着劳动的社会性质，改变着生产方式，对生产关系变革发展起到了重要作用。

（三）科学技术与自然的关系

第一，从“人和自然的统一”中来把握科学技术。人虽然具有意识，具备着其他生物无法企及的智慧与独立性，但终究也是自然界发展的产物，无论人类如何发展都不可能改变自己的自然本性。随着科学技术的发展，人们在了解自然的过程中也提升了自身改造自然的能力。

在马克思的眼中，人从一开始出生就注定与自然有关。现实生活中的人往往只看到养育自己的父母，却没有看到人类一代代繁衍背后的自然力量，是自然界的存在让人类的存在成为可能，这不是一个抽象的问题，而是实实在在的现实。自然对于人而言并不是简单的理所应当被征服的对象，而是人类生存的基础。因此，作为直接的由人创造出来的科学技术，其背后有着自然的支撑，需要被放置在“人和自然的统一”中进行把握。

首先，人与自然是相互成就的。人在改变自然的过程中也改变了自身，科

① 马克思：《资本论》（第1卷），人民出版社，2004年，第411页。

学技术的出现,正是人的本质力量的彰显,而人的本质力量就是在改变自然的过程中发展出来的。人们在改造自然的过程中,发达了大脑四肢,为科学技术的产生创造了生理条件。其次,人与自然打交道的过程也是发现自然秘密的过程,人们在实践中发现并总结自然规律,为科学技术的发展打下了理论基础。

因此在分析科学技术的过程中,不能简单地将科学技术成果归功于人的智慧创造,要用“人与自然统一”的眼光去把握,才能避免被人类的自大蒙蔽眼睛,从而走向唯心主义的深渊。

第二,科学技术对自然的破坏。任何事物都具有两面性,在看到一个事物积极作用的同时也应看到它的消极作用。对待科学技术也同样如此。科学技术在带给人类诸多便利的同时也存在着不可忽视的隐患。马克思、恩格斯很早就发现了这一问题。化学肥料的过度使用、燃煤废气的污染、森林植被的破坏等,诸如此类的滥用对自然造成了巨大的负面影响。正如恩格斯在《论权威》中的表述:“如果说人靠科学和创造天才征服了自然力,那末自然力也对人进行了报复,按他利用自然力的程度使他服从一种真正的专制,而不管社会组织怎样。”①因此“我们不要过分陶醉于我们人类对自然界的胜利,对于每一次这样的胜利,自然界都对我们进行了报复。每一次胜利,在第一线都确实取得了我们预期的效果,但在第二线和第三线却有了完全不同的、出乎预料的影响,它常常把第一个结果重新消除”②。“我们必须在每一步都记住:我们统治自然界,决不像征服者统治异民族那样,决不同于站在自然界以外的某一个人——相反,我们连同肉、血和脑都属于自然界并存在于其中的;我们对自然界的全部支配力量就是我们比其他一切生物强,能够认识和正确运用自然律。”③

所以在马克思、恩格斯眼中,科学技术的发展不应以环境的破坏为代价,要建立人与自然和谐相处的关系,协调好自然环境保护和人类生存发展二者关系,在此基础上实现科学技术的价值。

第三,科学技术对自然的保护。科学技术的滥用会导致环境的破坏,但是只要恰当地使用科学技术,它又会成为优化人与自然之间物质变换的重要途径,成为人与自然关系的协调者。马克思认为科学技术主要通过以下几种方

---

① 中共中央马克思、恩格斯、列宁、斯大林著作编译局:《马克思恩格斯全集》(第18卷),人民出版社,1972年,第342页。

② 恩格斯:《自然辩证法》(第23卷),人民出版社,1984年,第304页。

③ 同②,第305页。

式,实现他在《资本论》中提到的,在最适合人类本性的条件下,“依靠消耗最小的力量”①,进行物质变换。

首先是探索自然,发现新资源。大自然拥有巨大的宝藏,目前人类未知的资源依然很丰富,增加可利用资源的丰富性,减少对单一资源的依赖,对降低资源枯竭概率,保障生态平衡起着不容小觑的作用。而科学技术的发展是开启新能源大门的一把钥匙,正如马克思所言:“要探索整个自然界……以便发现新的有用物体和原有物体的新的使用属性……因此,要把自然科学发展到它的顶点。”②

其次是通过科学技术的发现对资源进行循环使用。从目前状况看,人类对资源的利用率其实并不高,并且大自然资源再丰富,终究也是有限的,尤其是不可再生资源的开采对人类的发展有着较大影响,即使是对可再生资源的过度开采利用也有可能对环境产生不可逆的破坏,比如滥砍滥伐导致的水土流失问题。因此提高资源利用率,实现可持续发展不失是一个好办法。

马克思在《资本论》第3卷中对如何运用科学技术合理地再利用生产排泄物进行了详细分析,并以化学对废物的利用为例进行了说明。“化学工业提供了废料利用的最显著的例子。它不仅发现新的方法来利用本工业的废料,而且还利用其他工业的各种各样的废料,例如,把从前几乎毫无用处的煤焦油,变为苯胺染料,茜红染料(茜素),近来甚至把它转化为药品。”③化学的新发现让原本作为废弃物抛弃的物料成为其他行业产品的原材料,极大地改变了废弃物的浪费状况,提高了资源的利用率,因此马克思特别注重通过科学技术的进步实现生产废料的转化,让废料重新回到生产环节,最终进入消费领域,造福人类。

再次是利用科学技术实现减量化生产。减量化生产即“把生产排泄物减少到最低限度和把一切进入生产中去的原料和辅助材料的直接利用提高到最高限度”④,马克思强调这种直接降低废料排泄而形成的节约与将废弃物进行循环利用的节约有着本质上的不同。马克思指出,如果想要减少废料,原料本身的质量很重要,但是机器和工具的优化能够在一定程度上弥补原料本身质量的缺陷。而机器和工具本身则是科学技术的成果,它们的改良与革新取决于科学技

---

① 中共中央马克思、恩格斯、列宁、斯大林著作编译局:《马克思恩格斯全集》(第25卷)(下),人民出版社,1974年,第927页。

② 中共中央马克思、恩格斯、列宁、斯大林著作编译局:《马克思恩格斯全集》(第46卷)(上),人民出版社,1979年,第392页。

③ 马克思:《资本论》(第1卷),人民出版社,2004年,第117页。

④ 马克思:《资本论》(第3卷),人民出版社,2004年,第117页。

术的进步。

（四）科学技术的异化分析

第一，科学技术异化现象。致力于人类解放事业的马克思，一直强调人性的回归，“让人成为人”。因此面对资本主义主导下人类社会的异化现象，异化批判理论成为马克思理论体系中的重要部分，而科学技术异化也包括在其中。

1856年4月14日，马克思于伦敦发表了直指科学技术异化的演说，即《在〈人民报〉创刊纪念会上的演说》：“在我们这个时代，每一种事物好像都包含有自己的反面。我们看到，机器具有减少人类劳动和使劳动更有成效的神奇力量，然而却引起了饥饿和过度的疲劳。财富的新源泉，由于某种奇怪的、不可思议的魔力而变成贫困的根源。技术的胜利，似乎是以道德的败坏为代价换来的。随着人类愈益控制自然，个人却似乎愈益成为别人的奴隶或自身的卑劣行为的奴隶。甚至科学的纯洁光辉仿佛也只能在愚昧无知的黑暗背景上闪耀。我们的一切发现和进步，似乎结果是使物质力量具有智慧的生命，而人的生命则化为愚钝的物质力量。现代工业和科学为一方与现代贫困和衰颓为另一方的这种对抗，我们时代的生产力与社会关系之间的这种对抗，是显而易见的、不可避免的和毋庸争辩的事实。”①

资本主导下的科学技术，其异化表现主要体现在两个方面。一方面是人本身的异化，首先，由于科学技术成果被纳入生产要素之中，具备了资本的性质，科学技术研究人员面对这一局面，不得不服从资本的安排，科学技术研究活动失去了本身的意义，为了生存下去，科学技术成为获得资本利益的手段。其次，科学技术成果——机器的使用，并没有成为解放工人的武器，反而异化为压榨工人的工具，走向了工人的对立面。虽然机器的使用可以提高生产率，促进生产力发展，但与此同时，被资本控制了的机器为了保证资本的增殖，利用机器加大了工人的劳动强度，工人失去了人本应具有的主体性，而不得不跟随着机器进行生产运动，成为机器的奴隶，成为死物的附属品。总之，在这样的生产时代，无论是推动科学技术发展的研究人员还是“使用”机器的工人，在自己的劳动中都无法实现人之为人的价值，都在看似实现自身价值的实践活动中失去了人的本质，否定着自己的存在。另一方面是大自然对人的报复。恩格斯在《自然辩证法》中明确指出，人作为自然存在物，不可以凌驾于自然之上去驾驭自

① 中共中央马克思、恩格斯、列宁、斯大林著作编译局：《马克思恩格斯选集》（第1卷），人民出版社，1995年，第775页。

然,而是要与自然和谐相处,否则正如前文所分析的那样,对自然的每一次征服与滥用,都使得自然走向了人的对立面,环境的恶化、资源的枯竭,自然界用它自己的方式警告着人类的自大与放肆。

第二,科学技术异化的根源。面对科学技术异己力量对工人的日益压迫,工人群体进行了暴动反击,但工人群体的暴动反击主要是对生产机器的破坏,从17世纪到19世纪,无论是风力锯木厂、水力剪毛机、还是蒸汽机都成为无产阶级攻击的对象,但这样大规模的破坏行为并没有改变无产阶级的窘境,反而为各大政府提供了镇压无产阶级革命的借口。为了真正改变无产阶级的命运,使工人阶级明确真正要攻击的对象,马克思在对暴动情况进行了深入了解的基础上,对科学技术异化的根源进行了分析。

马克思认为科学技术本身的存在并没有错误,科学技术的成果——机器的出现也不是工人阶级被压迫的真正原因,因为机器与机器的资本主义应用是两回事。资本主义的扩张、资本主义对社会各个方面的干预,让科学技术成为资本控制下的奴隶,沦为资本服务的工具。科学技术由于它在生产过程中起到了巨大作用,从而被资本有意识地纳入生产领域加以利用和发展。同时,在资本主义社会,资本处于主导地位,占据着大量资源,需要大量资金支撑的科学技术也不得不借助资本的力量进行发展,即使客观上资本主义生产确实为科学技术提供了物质基础,但此时的科学技术已异化成为从属资本的存在。因此追根究底,科学技术的资本主义应用是科学技术异化的根源。

第三,科学技术异化的克服。正如马克思分析的那样,科学技术异化的根源是科学技术的资本主义应用,因此马克思认为,要想真正克服科学技术的异化,必须改变这种应用方式背后的根基,即私有制。只有公有制,才能够真正解除异化,使人成为人,而此时的科学技术也将重新回到人民的手中,成为人民的力量。因为只有当无产阶级成为时代的主人,科学技术才能够摆脱沦为阶级统治工具的命运,科学技术人员也不再是知识的兜售者而成为自由的思想家。

虽然异化的科学技术使无产阶级进一步受到资本主义的迫害,但马克思辩证地考察了异化的科学技术,认为它的发生同时具有革命的意义。马克思和恩格斯认为,科学技术对于世界、对于人的革命意义主要在于变革生产关系和促进人的解放这两个方面。

为了发现科学技术与生产力变革、生产关系变革之间的奥秘,马克思认真考察了第一次科学技术革命,指出“随着一些已经发生的、表现为工艺革命的生产力革命,还实现着生产关系的革命[①]”。因为异化了的科学技术,最大的价值就是推动生产力的快速发展,而新的生产力的产生必将带动相应生产方式的改变,为了适应生产方式的改变,人们便会在这样的生产环境中改变自身的生产关系。生产关系作为人类社会存在和发展的基础,它的变革最终会推动社会的革命化,“没有蒸汽机和珍妮精纺机就不能消灭奴隶制;没有改良的农业就不能消灭农奴制”[②]。虽然“17 世纪和 18 世纪从事制造蒸汽机的人们也没有料想到,他们所造成的工具,比其他任何东西都更会使全世界的社会状况革命化”[③],但客观上科学技术确实发挥了推动革命的作用。

除了在生产关系变革方面科学技术发挥着作用。在马克思看来,科学技术的发展也推动了人类解放的进程。科学技术的发展必然带动生产机器的变革优化,高度机械化的生产将会成为不可避免的趋势,而在这个时候产生剩余价值、实现资本增殖的活劳动(人)逐渐贬低为生产过程中的一个因素。“直接形式的劳动不再是财富的巨大源泉……交换价值也不再是使用价值的尺度……剩余劳动不再是发展一般财富的条件……于是以交换价值为基础的生产便崩溃……个性得到自由发展。”[④]

但科学技术推动变革的过程是一个历史的过程,异化的克服是需要付出代价的,工人的牺牲、自然界的牺牲在某种意义上难以避免。马克思指出,“在人类,也像在动植物界一样,种族的利益总要靠牺牲个体利益为自己开辟道路的,其所以会如此,是因为种族的利益同特殊个体的利益相一致,这些特殊个体的力量,他们的优越性,也就在这里”,“因此,个性的比较高度的发展,只有以牺牲个人的历史过程为代价”[⑤]。虽然需要付出代价,但“最终会克服这种对抗,而同每个个人的发展相一致”。也正因为如此,马克思才能够说,我们有权同歌德一起高唱:“既然痛苦是快乐的源泉,那又何必因痛苦而伤心?”[⑥]

---

① 中共中央马克思、恩格斯、列宁、斯大林著作编译局:《马克思恩格斯全集》(第 47 卷),人民出版社,1979 年,第 473 页。

② 中共中央马克思、恩格斯、列宁、斯大林著作编译局:《马克思恩格斯选集》(第 1 卷),人民出版社,1995 年,第 74 页。

③ 恩格斯:《自然辩证法》,人民出版社,1955 年,第 160 页。

④ 中共中央马克思、恩格斯、列宁、斯大林著作编译局:《马克思恩格斯选集》(第 46 卷)(下),人民出版社,1980 年,第 218 页。

⑤ 中共中央马克思、恩格斯、列宁、斯大林著作编译局:《马克思恩格斯全集》(第 26 卷)(第二分册),人民出版社,1973 年,第 125 页。

⑥ 中共中央马克思、恩格斯、列宁、斯大林著作编译局:《马克思恩格斯选集》(第 2 卷),人民出版社,1972 年,第 68 页。

第二节　中国化马克思主义的科学技术思想

一、毛泽东的科学技术思想

毛泽东是中国共产党执政后的第一代领导人,他的思想体系包含的内容非常丰富,科学技术思想是他整个思想体系的重要组成部分。无论是革命战争时期还是新中国成立后,我国科学技术事业的推进都受到毛泽东科学技术思想的影响,正因如此,我国科技方面取得了众多引起世界各国瞩目的成就,使中国人民的物质生活和精神生活得到极大丰富。因此,对毛泽东的科学技术思想进行系统地理论研究,不仅是对毛泽东思想的理论研究,更是对中国近现代科学技术发展历史的回顾。研究毛泽东的科学技术思想对于准确把握毛泽东思想科学体系,全面建设中国特色社会主义,实现中华民族伟大复兴的中国梦,具有重大的理论意义和现实意义。

毛泽东对马克思主义哲学的研究有很高的造诣,他在阐述自己的科学技术思想时都是从马克思主义哲学的视域出发的。毛泽东的科学技术思想蕴含着丰富的哲学思维,其主要内容包含科学技术的本质观、科学技术的动力观、科学技术的实践观和科学技术的发展观等几个方面。

(一)　科学技术的本质

毛泽东在其一生中,对“科学”寄予了厚望,在他的多部著作中“科学”这一概念频繁出现,甚至有专门的章节论述有关科学的问题。毛泽东多年来学习、研究社会科学、马克思主义和自然科学,并结合中国实际国情,对科学的本质进行了系统的阐述,是毛泽东科学技术思想的基石。

关于科学的本质。科学的本质问题即科学“是什么”,是毛泽东进行科学技术理论研究的出发点,他主要从科学与知识、科学与规律以及科学与马克思主义的关系三方面理解科学的本质问题。第一,从科学与知识的关系问题来看,毛泽东精辟地将科学本质思想概括为“科学是知识的结晶”,即“知识的问题是一个科学的问题”①。毛泽东根据人类活动的特征,将知识分为自然知识、社会知识和哲学知识三大类,他说:“什么是知识?自从有阶级的社会存在以来,世界上的知识只有两门,一门叫做生产斗争知识,一门叫做阶级斗争知识。自然

---

① 毛泽东:《毛泽东选集》(第1卷),人民出版社,1991年,第287页。

科学、社会科学,就是这两门知识的结晶,哲学则是关于自然知识和社会知识的概括和总结。”[①]由此可以看出,毛泽东认为只有通过知识积累总结后才能产生科学,是对社会生产和阶级斗争的经验总结。同时,毛泽东认为自然科学具有双重属性,即自然属性和社会属性。从自然属性来说,毛泽东认为自然科学本身不具有阶级性。关于自然科学的特征,毛泽东指出:“自然科学分两个方面,就自然科学本身来说,是没有阶级性的,但是谁人去研究和利用自然科学,是有阶级性的。”[②]自然科学是社会意识形态中的一种知识体系。从社会属性来说,因为科学技术的应用者本身是带有阶级属性的。虽然科学本身只具有客观性和普遍性,但使用它的阶级因利益各有不同也就会造成不同的社会结果。第二,从科学与规律的关系来看,认识事物的本质规律是科学的研究任务。毛泽东对此是这样表述的:“任何一种知识或一个概念,如果它不是反映客观世界的规律性,它就不是科学的知识。”[③]归纳事物的本质规律是科学研究的内在要求,即透过事物的现象发现它的本质。毛泽东认为:“我们看事物必须要看它的实质,而把它的现象只看作是入门的向导,一进了门就要抓住它的实质,这才是可靠的科学的分析方法。”[④]如此一来,我们不难看出,毛泽东对科学就是对事物本质的认识的解释是十分正确的。第三,从科学与马克思主义的关系来看,毛泽东曾做出“马列主义是真正的科学真理”[⑤]的著名论断,“马克思列宁主义是从客观实际产生出来又在客观实际中获得了证明的最正确最科学最革命的真理”[⑥]。因此,毛泽东将马克思主义定义为科学,认为一切革命都应该以马克思列宁主义为指导,并且通过实践证明马克思主义是中国共产党取得革命胜利的必胜法宝。

关于技术的本质。科学与技术是两个不同的范畴,具有不同的内涵。科学注重的是“学”,其目的是认识自然的、社会的及思维的规律,获得的成果称为科学知识。技术注重的是“术”,其目的是设计和制造用于改造物质世界的工具和手段。毛泽东在早年撰写的文稿中就指出了科学与技术的区别:“科学有二别:一主理论者,二主实践者。前者谓之学,后者谓之术;前者属于知识而已,后者又示人利用其能力以举措事物”,“术不得为新科学”[⑦]。

---

① 毛泽东:《毛泽东选集》(第3卷),人民出版社,1991年,第832页。
② 毛泽东:《毛泽东选集》(第5卷),人民出版社,1977年,第444页。
③ 毛泽东:《辩证法唯物论》(讲授提纲),华北新华书店,1942年,第31页。
④ 毛泽东:《毛泽东选集》(第1卷),人民出版社,1991年,第99页。
⑤ 毛泽东:《毛泽东选集》(第3卷),人民出版社,1996年,第30页。
⑥ 同①,第817页。
⑦ 毛泽东:《毛泽东早期文稿》,湖南出版社,1990年,第116-117页。

毛泽东在后期的许多文章中多次提到技术，如在《反对本本主义》（1930年）中提到“调查的技术”是强调操作方法与技能重要性的，在《论持久战》（1938年）中指出“近代技术（有线电、无线电、飞机、汽车、铁道、轮船等）的发达”[①]主要是生产工艺的发展等，这也为世界各国爆发战争提供了有力的支持。新中国成立后，毛泽东十分重视以工农业改革为首的三大改革，提出了技术革命的要求，并在全国范围内实行。

（二） 科学技术发展的动力

事物发展动力问题是发展的根本问题。马克思、恩格斯在黑格尔辩证法的基础上进一步揭示了事物运动发展的根本原因，指出：“相互作用是事物的真正的终极原因。”[②]毛泽东继承了马克思主义关于事物发展动力问题的思想，同时又提出要从事物的内因和外因、矛盾的同一性和斗争性的辩证统一中揭示事物运动发展的动力系统。因此，毛泽东认为科学技术发展不是孤立存在的，科学技术发展的动力是由多种相互联系、相互依赖和相互作用的要素构成的综合体系。其中最主要的有四个因素：生产因素、社会因素（包含政治、经济、文化等）、科学技术的内在因素和科学家因素。这四个因素在科学技术发展过程中是共同发生作用的。

第一，科学技术发展的生产因素。生产因素是科学技术发展的最终动力。毛泽东认为：“自有人类生活以来都要吃饭，要吃饭就要进行生产，就有自然科学的萌芽。”[③]即科学是人类为谋求更好地生存而进行生产活动的产物，通过运用各种技术不断提高物质资料的生产而逐渐形成和发展起来的。生产力的发展决定科学技术的产生和发展。对此，毛泽东指出：“人的认识，主要地依赖于物质的生产活动，逐渐地了解自然的现象、自然的性质、自然的规律性、人和自然的关系”[④]，自然科学的本质是揭示自然界的现象和规律，物质生产实践是自然科学的认识来源，生产实践是自然科学发展的前提。

第二，科学技术发展的社会因素。随着抗日战争和解放战争的胜利，新中国结束了长期以来政治混乱、社会动荡的局面，但是长期以来的动荡不安严重影响了社会各项建设工作的施行。在这样的社会背景下，毛泽东关于政治环境的稳定对发展科技事业的重要性有深刻的体会，因此开始思考政治与科学技术

① 毛泽东：《毛泽东选集》（第2卷），人民出版社，1991年，第495页。

② 中共中央马克思、恩格斯、列宁、斯大林著作编译局：《马克思恩格斯选集》（第3卷），人民出版社，1995年，第552页。

③ 毛泽东：《毛泽东选集》（第2卷），人民出版社，1993年，第269页。

④ 毛泽东：《毛泽东选集》（第1卷），人民出版社，1991年，第282－283页。

之间的联系。他认识到政治稳定是科学技术发展的前提，总结得出："思想工作和政治工作，是完成经济工作和技术工作的保证，它们是为经济基础服务的。思想和政治又是统帅，是灵魂。只要我们的思想工作和政治工作稍微一放松，经济工作和技术工作就一定会走到邪路上去。"①同样，科学技术的发展在阶级社会里是与阶级利益这一政治问题密切相关的。当政治意识形态因素的作用方向与科学发展的内在逻辑同一时，科学就会迅猛发展；当意识形态因素的作用方向与科学发展的内在逻辑不一致甚至背道而驰时，前者对后者就会产生巨大的消极影响。

文化的繁荣发展是推动科学技术发展的因素之一。毛泽东认为文化对科学技术有重要影响，他十分注重教育和文化艺术对科学技术的影响与作用。首先，关于如何发展我国科学和文化事业。他提出了"百花齐放、百家争鸣"的方针，并指出"百花齐放、百家争鸣的方针，是推动我国艺术发展和科学进步的方针，也是推动我国的社会主义文化繁荣的方针"。他的这一方针，是根据中国传统文化发展经验和中国共产党领导科学文化建设的实践经验，同时也学习和借鉴了其他社会主义国家科学文化建设的经验教训。这个方针的确定，是根据社会主义中国科学文化发展的客观规律而制定的。其次，教育作为文化的重要组成部分，也对科学技术的发展起到重要的推动作用。教育对科学的推动作用，主要体现在传递科学理论、培养科技人才、发展科学研究上。毛泽东根据自身成长经历，对如何培养知识分子有着独到的见解，如提出了"又红又专"的培养方针，要求知识分子要有正确的政治立场，必须树立为人民服务的基本精神；要有扎实可靠的专业技能，要以建设强盛的社会主义国家为奋斗目标。

第三，科学技术发展的内在因素。科学发展的内在因素包括实验中发现的新现象、新材料等与原有理论之间的矛盾，以及各学派、理论和观点之间的协调竞争等。抗日战争时期，毛泽东在阅读《辩证法唯物论教程》的过程中认识到理论是从实践中产生的，并在实践中得以发展。毛泽东在《实践论》中系统地论述了科学实践对于科学理论的基础作用，他认为一般性认识的发展是在实践中得到丰富的，也是通过社会实践才能发展的，同样，科学作为一种认识现象和知识的结晶，从属于人类认识的基本范畴，科学理论与科学实践之间的同一和斗争过程也是推动科学发展的重要因素之一。正如毛泽东所说的："许多自然科学

---

① 毛泽东：《毛泽东选集》(第7卷)，人民出版社，1999年，第359页。

理论之所以被称为真理,不但在于自然科学家们创立这些学说的时候,而且在于为尔后的科学实践所证实的时候。”[①]经过社会主义革命胜利和新中国建设的实践经验总结,特别是毛泽东在领导国家科学技术发展的实践,他关于科学理论与科学实践的矛盾推动科学技术的发展的思想得到了进一步的深化。

第四,科学技术发展的科学家因素。科学家是开展科学活动的主体,我们认为科学家是知识分子的一部分,他们之间的竞争也是科学发展的另一种推动力。科学家对一个实验结果或理论正确性的认识有一个曲折的过程,特别是那些与过去既有理论相悖的一些实验或理论,而它的理论价值往往只有通过以后的实践才能充分揭示出来。这样就会产生相应的理论争辩,这些争辩会直接促使科学技术某一方面得到发展。毛泽东认为,在革命斗争时期,没有知识分子的积极参与,革命是不可能取得胜利的。因为,纵观中国近现代历史,马克思主义得以在中国广泛传播靠的就是一批又一批有识之士,这才有了之后中国共产党的诞生和新民主主义革命的胜利。

知识分子阶层是传播科学文化的载体,是社会生产力诸要素中极其重要的因素之一。科学技术水平的高低及其应用程度意味着某一社会生产力的发展水平。如果没有掌握科学技术的知识分子的存在,只有物的存在,就不能称其为生产力。同时,生产力的发展与否取决于生产工具的进步与否,而生产工具的改进完全取决于科学家,所以知识分子是生产力发展的决定性因素。

在科研竞争过程中,各个科学家、科学团队和学派,为了战胜自己的对手,必须尽力发挥自己的聪明才智,调动自身各个方面的积极性,从而推动科学技术的发展。因此,科学竞争是科学家从事科学研究的巨大推动力,也成为推动科学发展的重要动力之一。

(三） 科学技术的发展策略

毛泽东深知要改变中国科技事业落后的现状需要一个长期的过程,而新中国想要迅速提高社会生产力,离不开科学技术的发展。如何使科学技术迅速达到世界先进水平,需要制定合理的发展规划。为了提高群众热情,向科学进军,以毛泽东为核心的党中央先后制定了科学技术发展的长远规划及组织科技队伍,以发展科学技术来推动社会经济的发展。

第一,制定科学发展规划。制定科学发展规划是计划经济时期向苏联模式

---

① 毛泽东:《毛泽东选集》(第1卷),人民出版社,1991年,第292页。

学习的典型代表。在毛泽东看来，制定和实施科学发展规划“对经济的发展和不发展，对经济发展的快慢，有着多么大的作用”①，能够促进社会主义社会的建设。为此，他于1956年提出了“向现代科学技术进军”的号召。在毛泽东等党中央领导的密切关注下，有关部门结合我国实际国情迅速制定出了第一个十二年科学技术发展远景规划，我国开始投入科学技术发展的热潮中，用时七年完成了该远景规划。我国科学技术在这一时期取得了重大突破，如发展了原子能、电子学、自动化、火箭技术和计算技术等新兴科学技术，填补了我国科学技术中许多重要领域的空白。第二个科学技术发展规划制定于中苏关系紧张时期，与苏联关系的恶化使得我国在发展科学技术时更加坚持贯彻“以自力更生为主，争取外援为辅”的方针，在现代工农业技术、国防、医疗、人才培养等方面制定了详细的发展规划。通过不断的自主研究，1964年我国成功引爆了第一颗原子弹，1967年又成功爆炸了我国第一颗氢弹，事实证明，我国在规划的指导下迅速地掌握了大量尖端技术。虽然第二个发展规划执行的后期由于“文化大革命”的影响被迫停止，但是从前期取得的成果来看，我国制定的两个发展规划是符合我国国情并且适应社会主义社会经济发展的。

第二，坚持党对科学技术发展的领导。毛泽东在规划全面发展科学技术时，也强调坚持和加强党的领导地位的重要性。为了保证科学规划的实施，党中央成立了国家科学规划委员会，加强和统一党对全国科技事业的领导。两次科学规划的顺利执行，离不开国家统一协调配置人力、物力等资源的支持。针对某些“党不能领导科学文化事业”的说法，毛泽东指出：“中国共产党是全国人民的领导核心。”②党必须且有能力领导建设社会主义事业，对科学技术的领导也是其中之一，但是党的领导是政治上的领导，是全面协调科技发展的领导。实践证明，在当时我国科学技术薄弱的现状下，毛泽东强调党和国家统一领导的思想，使中国科学技术事业的面貌发生了根本的改变，集中力量发展科学技术使得科学技术获得众多突破性的成果，并且毛泽东的科学技术思想也得到了实践和升华。

第三，独立自主，自力更生。我国科学技术发展前期，即从20世纪50年代开始，苏联给予我国很大的帮助，对我国科学事业的开拓和发展起到了重要的推动作用。但到了60年代，随着中苏关系的紧张发展，苏联撤走了技术专家，导致我国只能依靠自己的科研人员继续进行科研活动，这也促使我国“自力更

---

① 毛泽东：《毛泽东选集》（第8卷），人民出版社，1999年，第119页。

② 毛泽东：《毛泽东同志论自然科学》（内部参考），北京大学哲学系，1960年，第20页。

生”方针的确立，最终推动我国科技事业取得重大发展。当然，我国的方针既强调应以自力更生为立足点，又不能盲目拒绝一切外来的可能援助，不能闭关自守。在平等互利的原则下，只要是有利于我国科学技术发展的外国援助，我们都可以争取。在吸取中国近现代历史经验教训中，毛泽东提倡“洋为中用”，他曾提出：“中国的问题还是由中国人自己来解决，但欢迎外国的技术帮助”①，“自然科学方面，我们比较落后，特别要努力向外国学习。但是也要有批判地学，不可盲目地学。在技术方面，我看大部分先要照办，因为那些我们现在还没有，还不懂，学了比较有利。”②毛泽东的这一思想，推动了我国许多新生部门和新兴学科的建立，使得社会主义现代化建设进入了新的阶段。

总之，毛泽东的科学技术思想是对马克思列宁主义的科学技术观的继承与发展，通过反思和总结中国革命和社会主义国家建设过程中的经验，构建了自己的科学技术思想体系，成为中国化的马克思主义科学技术思想的奠基石。同样，毛泽东的科学技术思想对于中国科学技术事业的发展有很重要的实践价值，在他的思想的影响下，新中国社会主义科学技术事业的发展迎来了第一次腾飞，对于当代社会主义科学技术事业的发展也有着积极的指导意义。

二、邓小平的科学技术思想

邓小平科学技术思想既强调重视发展科学技术本身，又强调科学技术的发展对于马克思主义和社会主义理论发展的重要意义，其内容丰富，思想博大精深，概括起来可分为科技本质观、科技功能观、科技人才观、科技教育观等几个方面。

（一）科学技术是第一生产力

关于科学技术的本质，马克思、列宁等经典作家都论述过，并一致认为科学技术在本质上属于生产力范畴。邓小平在全面总结中国发展历史，特别是20世纪70年代以来世界科学技术和生产力发展的趋势、经验的基础上，创造性地发展了马克思关于科学技术是生产力的理论，提出“科学技术是第一生产力”的新论断，从而把马克思主义的科学技术观推进到一个新的高度。

马克思、恩格斯生活在自由竞争资本主义时期，这一时期科学技术得到了快速发展，资本主义的生产力有了空前的提高，正像他们在《共产党宣言》中所

① 毛泽东：《毛泽东选集》（第4卷），人民出版社，1999年，第207页。
② 毛泽东：《毛泽东选集》（第7卷），人民出版社，1999年，第42页。

说:“资产阶级在它的不到一百年的阶级统治中所创造的生产力,比过去一切世代创造的全部生产力还要多,还要大。”[①]并且,“随着资本主义生产的扩展,科学因素第一次被有意识地和广泛地加以发展、应用并体现在生活中,其规模是以往的时代根本想象不到的”。[②] 100 多年后的今天,现代科学技术革命是解放和延伸人们头脑的智力革命,它把工业社会推进到计算机化、机器人化和自动化的信息社会,使信息、知识、智力成为生产力发展的关键因素。邓小平正是根据科技发展的新特点并结合我国社会发展的现实,创造性地提出了“科技是第一生产力”这一著名论断,并在后来多次重申了科学技术的这一本质地位。比如在视察南方的过程中,邓小平一再强调:“我说科学技术是第一生产力。近一二十年来,世界科学技术发展得多快啊!高科技领域的一个突破,带动一批产业的发展。我们自己这几年,离开科学技术能增长得这么快吗?”[③]至此,科学技术是第一生产力的思想成为中国共产党和全社会的共识。邓小平“科学技术是第一生产力”的首要含义就是科学技术对生产力诸要素起着决定性的作用。作为生产力中内在的智力性因素,科学技术渗透于生产工具、劳动对象、劳动者等要素之中,极大地提高了生产力发展水平。

(二) 科学技术具有诸多社会功能

邓小平的科技功能观是其科技思想的重要内容。在长期的领导实践中,邓小平全面总结和论述了科学技术的政治功能、经济功能、文化功能、国防和军队建设功能等多方面的重要功能。对邓小平科技功能观的研究和把握,有利于我们在社会主义现代化建设进程中,更充分地发挥科技的作用。

首先,经济功能。邓小平的科学技术思想准确地揭示了当代科技的经济功能。如今,经济增长与发展已经越来越依靠科学技术。“经济发展得快一点,必须依靠科技和教育”,“科学技术是第一生产力”是邓小平对于科技的经济功能所做的精辟论断。1992 年邓小平南方视察时再一次强调:“经济发展得快一点,必须依靠科技和教育。……要提倡科学,靠科学才有希望。”[④]经济增长要实现从单纯依靠增加实体性生产要素的数量,依靠增加生产资料和劳动力,铺新摊子,扩大生产场地的外延式增长方式,向提高劳动生产效率和生产资料利用率

---

① 中共中央马克思、恩格斯、列宁、斯大林著作编译局:《马克思恩格斯选集》(第 1 卷),人民出版社,1995 年,第 277 页。

② 中共中央马克思、恩格斯、列宁、斯大林著作编译局:《马克思恩格斯全集》(第 47 卷),人民出版社,1976 年,第 570 页。

③ 邓小平:《邓小平文选》(第 3 卷),人民出版社,1993 年,第 20 页。

④ 同③,第 377 页。

的内涵式增长方式转变,就必须依赖科技进步。经济增长并不意味着经济发展,前者是一个数量概念;而后者既是一个量的概念,更是一个质的概念。经济发展不仅包括经济增长,也是一个经济结构不断改善、经济与各方互相协调、可持续的发展过程。总而言之,现代科技可实现经济社会的协调和可持续发展。

其次,政治功能。科学技术还具有重要的政治功能,它是民族复兴的动力,是巩固和发展社会主义制度的重要保证,以及促进军队改革和建设的重要力量。当今世界,和平与发展成为时代主题,一个国家的安全由军事安全逐渐转变为经济安全、科技安全。全球化时代,国家之间的竞争归根结底就是以科学技术水平为核心的综合国力的竞争,在此意义上,科技安全取代经济安全成为全球趋势。因此一国科技水平的高低既彰显着国家的发达程度,同时也成为这个国家前途和命运的决定性力量。对于仍处于发展中国家的中国来说,要实现中华民族的伟大复兴就必须进行社会主义现代化建设,这就要靠科学技术的现代化。因此,大力发展科学技术关系着整个国家现代化建设的大局,关系着民族的振兴和国家的兴旺发达。只有掌握了现代化的科学技术才能真正掌握住本国的命运,屹立于世界民族之林。

再次,文化功能。科学技术除了是经济力量、政治力量外,还是一种文化力量,具有文化功能。换言之,"科学技术是第一生产力",不但作用于社会的物质文明领域,而且推动文化建设和精神文明建设的进程。如邓小平所说:"我们要在建设物质文明的同时,提高全民族的科学文化水平,发展高尚的丰富多彩的文化生活,建设高度的社会主义精神文明。"①这主要表现在,科学技术深刻影响着人们的世界观、人生观。"科学主要是一种改革力量而不是保守力量……人们接受了科学思想就等于是对人类现状的一种含蓄的批判,而且还会开辟无止境地改善现状的可能性。"②科学技术的发展和应用带动了人们科技意识的提高;同时又为科技本身的进一步发展提供了内在动力,还会提高社会的精神文明建设水平;人民群众的社会意识和思维方法也会随之进步。邓小平同志关于科技的文化功能的认识,要求我们要重视科技在提高人民素质、净化社会风气方面的文化功能,以便更好地促进科技的政治经济功能的充分发挥,加快我国的社会主义现代化进程。

(三) 科学技术发展要有战略定力

作为中国改革开放与社会主义现代化建设的总设计师,邓小平从全面实现

---

① 邓小平:《邓小平文选》(第2卷),人民出版社,1994年,第208页。

② J. D. 贝尔纳:《科学的社会功能》,商务印书馆,1982年,第513页。

工业、农业、国防和科技四个现代化，将中国建设成为社会主义现代化强国的高度使命感和责任感出发，系统地规划了科技发展的战略规划——确立科技的战略地位、科技发展的战略部署，并在此基础上进行科技体制的改革。

首先，确立科学技术的战略地位。科学技术的发展对于一个国家的现代化建设，尤其是那些致力于后发跳跃式发展的国家来说，具有重大的战略意义，这是20世纪中期至今正处于发展中的世界各国的基本共识。"文革"后期邓小平主管教育和科技，他高度重视科学技术战略地位的确立。在1978年全国第一次"科学大会"开幕式上，邓小平创造性地运用马克思主义有关科技原理和观点，从理论到实践，全面系统地分析了现代科技和社会发展的特点，阐述了我国建设"四个现代化"的伟大事业进程中科技的作用和战略地位。"在20世纪内，全面实现农业、工业、国防和科学技术的现代化，把我们的国家建设成为社会主义的现代化强国，是我国人民肩负的伟大历史使命。四个现代化，关键是科学技术的现代化。没有现代科学技术，就不可能建设现代农业、现代工业、现代国防。没有科学技术的高速度发展，也就不可能有国民经济的高速度发展。"[①]可以说，邓小平以博大的胸怀观察世界变化，把中国置于全球和现代化视野中，从民族国家和社会主义发展战略的高度，把科学技术提升为一个国家竞争力的重要元素，明确了科学技术在中国特色社会主义建设中的战略地位。

第二，明确科技发展的战略部署。自1978年的全国"科学大会"以后，"科学技术是第一生产力""四个现代化关键是科技的现代化"逐渐成为中国发展的主流思想，最终导致一个指导方针的形成，即科学技术工作必须面向经济建设，经济建设必须依靠科学技术。根据这一方针，党中央实施了"稳住一头，放开一片"的科技战略部署；致力于发展高科技、实现产业化；并把我国技术发展的战略由自主发展转变为引进与自主创新相结合的战略，保障了我国产业竞争力和科技竞争力的有效提高。邓小平同志明确指出，我国科技事业应立足于世界科技发展的先进成果，应努力地进行学习、消化、吸收、创新。他说："引进技术，第一要学会，第二要创新"，"我们要把世界上的一切先进技术、先进成果作为我们的发展的起点"。正是在这一科学技术战略思想指引下，我国开始了自主创新和引进技术相结合的科技战略，同时对引进国外先进技术进行统筹协调和宏观指导，强调突出科技再创新，从而形成了科技创新发展论。[②] 此外，邓小平同志

---

① 邓小平：《邓小平文选》（第2卷），人民出版社，1983年，第123页。

② 曾国屏，李正风：《创新发展论及其对中国的意义》，北京市邓小平理论研究会//《邓小平理论研究文集》，北京出版社，2000年，第118－127页。

做出了发展高科技、实现产业化的战略部署。他提出“下一个世纪是高科技发展的世纪”,“中国必须发展自己的高科技,在世界高科技领域占有一席之地”,“现在世界的发展,特别是高科技领域的发展一日千里,中国不能安于落后,必须一开始就参与这个领域的发展”①。邓小平不仅这样说,更是这样做的,在他的主持和推动下,我国实施了在一些重要的高技术领域追赶世界先进水平的“863 计划”,再加上“火炬计划”和创建国家高新技术产业开发区的成功落实,促使大量新型的具有国际竞争力的高科技企业与产业在我国出现,为我国在国际竞争前沿领域争到了一席之地。

第三,出台若干科技体制改革的决定。自新中国成立以来,我国学习“苏联模式”建立起的是一个以中央计划管理为主要特质的科技体制。这种体制的优势在于集中和动员有限的资源运用于核心战略目标,较快地凝聚绝大部分力量来建设一些重大的科技项目,取得了巨大的成就。但这种体制也存在一定的弊端,如高度计划化不能适应社会经济的发展,在一定程度上反而制约了生产力的快速发展。在邓小平的领导下,1985 年 3 月 13 日,中央出台了《中共中央关于科学技术体制改革的决定》,确定了我国很长一段时期科技体制改革的内容:“第一,在科技运行机制方面要克服国家包得过于多、统得过于死,单纯地依靠行政措施管理科技工作的弊病。第二,在科技组织结构方面,要求改变过去过度的部门分割、军民分割和地区分割,研究、教育、设计和生产脱节,研究机构与企业相分离的现实情况;增强企业的科学技术研究与开发能力以及缩短把科技成果转化成为生产产品能力的时间,加强高等学校、企业之间、研究机构和设计机构的协作和联合能力,同时凝聚各个领域的科技力量,最终使配置得到纵深结构的合理化。第三,在科技人事制度方面,努力消除‘左’的阴影,改变过去对科技人员得不到应有的尊重、人才得不到合理的流动、对从事科技工作人员限制过多的局面,营造出人才辈出,人尽其才的社会氛围。”

1977 年 12 月,在北京召开的全国科学技术规划会议,研究了国民经济发展的需要和科技工作的现状,制定了《1978 至 1985 年全国科学技术发展规划纲要(草案)》。此后,中科院起草发布《1978 至 1985 年基础科学发展规划纲要》,国家科委制定了《1978 至 1985 年全国技术科学发展规划纲要(草案)》,上述三个文件构成一个“八年科学规划”整体,明确了我国科技事业在八年里的几个目标。“八年科学规划”的执行在促进我国科技事业蓬勃发展的同时,也带动了生

① 邓小平:《邓小平文选》(第 3 卷),人民出版社,1993 年,第 279 页。

产,所取得的社会效益和经济效益日益提高,对我国社会主义现代化建设起到了不可估量的推动作用。

（四） 科学技术发展应重视教育、尊重知识、尊重人才

邓小平着眼于当今科技和经济迅猛发展的世界局势,立足于我国社会主义现代化建设的基本国情,从战略高度出发,提出"中国知识分子已成为工人阶级的一部分","尊重知识,尊重人才","建设宏大的又红又专的科学技术队伍"等著名论断,形成了内容丰富的科技人才思想,这一思想丰富完善了马克思主义人才理论,对中国特色社会主义现代化建设有着重要的意义。

第一,尊重知识,尊重人才。新中国成立以来,知识分子为我国的现代化建设做出了巨大的贡献。但由于受"左"的思想影响和"文化大革命"的冲击,知识分子的地位曾一落千丈,严重阻碍了我国科技事业的发展。邓小平主持中央工作后,在进行拨乱反正时,特别指出:知识分子"总的说来,他们的绝大多数已经是工人阶级和劳动人民自己的知识分子,因此也可以说,已经是工人阶级自己的一部分"①。这一观点从思想上为科技人才的发挥和培养扫清了障碍,为"尊重知识,尊重人才"氛围的形成奠定了基础。1984 年邓小平同志在评述中共中央通过的经济体制改革的文件时讲过:"这个文件的第九条概括来说是八个字——'尊重知识,尊重人才',任何事情成败的关键是能不能合理地发现人才和使用人才。"1985 年 3 月,他又一次着重强调:"改革经济体制,最重要的、我最关心的,是人才。改革科技体制,我最关心的,还是人才。"这些著名的论断标志着党内和社会上"尊重知识,尊重人才"的氛围正在形成,推动了我国一支宏大的合理的素质高的人才队伍的建设,顺应了时代的发展潮流。

第二,形成了评价科技人才的正确标准。新中国成立以来,我们对科技人才的一贯要求是"又红又专,德才兼备"。邓小平全面复出以后,在全国"科学大会"上全面而深刻地论述了红与专、政治与业务的辩证关系,指出"白是一个政治概念。只有反党反社会主义、在政治上反动的,才能说是白。怎么能把白和努力钻研业务扯到一起呢！即使是那些作风上思想上有这样那样毛病的科学技术工作人员,只要他们不是反党反社会主义的,就不能称为白。我们的科学技术人员,为社会主义的科学事业辛勤劳动,怎么是脱离政治呢?"邓小平还认为,"专并不等于红,但是红一定要专。不管你搞哪一行,你不专,你不懂,你去瞎指挥,损害了人民的利益,耽误了生产建设的发展,就谈不上是红"。邓小平

---

① 邓小平:《邓小平文选》(第 2 卷),人民出版社,1983 年,第 86 页。

关于评价人才价值标准的观点，运用了马克思主义的唯物辩证法，体现了改革开放以来党在知识分子红与专问题上的态度，同时深刻地反映了以邓小平为核心的党的第二代领导集体实事求是的工作作风，为新时期开创社会主义现代化伟大事业奠定了良好的基础。

第三，建立宏大的科技人才队伍。当代科技的发展日新月异，邓小平在1978年3月的全国“科学大会”上提出了党对建设科技人才队伍的迫切希望：“我们向科学技术现代化进军，要有一支浩浩荡荡的工人阶级的又红又专的科学技术大军，要有一大批世界第一流的科学家、工程技术专家。”构建合理的人才队伍结构，要保护和尊重老年知识分子，使他们充分发挥学有专长的示范作用，老有所用。同时要鼓励大批的中年知识分子发挥骨干作用，让他们能够在社会主义现代化建设的各个领域发挥大的作用。此外，更要为青年知识分子积极创造条件，使他们能够迅速成长，早日脱颖而出。建立宏大的科技人才队伍，不仅要注重构建合理的人才结构，更要同我国现实国情相结合，使广大的科技人员投身到实际建设中来，真正使科学技术成为推动我国社会主义现代化进程的重要力量。

第四，科技发展要高度重视科技教育。在当前的世界形势下，国家综合国力的竞争关键是科技的竞争。科技竞争最终是人才的竞争。邓小平曾高瞻远瞩地指出我国要接近或达到世界先进水平，就必须从科学和教育着手。“我国的经济到建国一百周年时，可能接近发达国家的水平。我们这样说，根据之一就是在这段时间里，我们完全有能力把教育搞上去，提高我国的科学技术水平，培养出数以亿计的各级各类人才。”①这些著名的论断体现了邓小平同志肯定科技教育在社会主义现代化建设中的作用，将科学技术和教育发展与国家的繁荣昌盛紧密地联系在一起的观点。他指出，应“把尽快培养出一批具有世界第一流水平的科学技术专家，作为我们科学、教育战线的重要任务”②。依据邓小平的意见，教育有关部门采取了多种培训方式，培养了一大批中青年学术专家，同时吸引留学生回国工作，从而形成了具有一定的国际竞争力、结构合理的科教师资队伍。此外，他率先对教育科学家给予了很高的评价：“我们的科学家、教师发现人才、培养人才，本身就是一种成就，就是对国家的贡献。在科学史上可以看到，发现一个真正有才能的人，对科学事业可以起多么大的作用！世界上有的科学家，把发现和培养新的人才，看作是自己毕生科学工作中最大的成就，

① 邓小平：《邓小平文选》（第3卷），人民出版社1993年，第120页。
② 同①，第92页。

这种看法是很有道理的。”[①]他还倡导社会大众要尊重教师,改善教师待遇,要求各级党政有关同志经常倾听广大教师的意见,深入学校为他们排忧解难。“我们不论怎么困难,也要提高教师的待遇。”[②]邓小平同志的科技人才意见和要求得到了贯彻实施,我国初步形成了一支年龄结构、专业结构、学历结构较为合理的新型的高素质的科教师资队伍,为培养高科技创新人才奠定了坚实的基础。

三、江泽民的科学技术思想

到20世纪,科学、技术、生产的关系越来越密切,科学技术对社会生产的发展越来越重要。以江泽民同志为核心的党的领导集体,站在跨世纪的时代高度,以马克思主义者的敏锐洞察力,准确把握这一历史趋势,提出了“科学技术是第一生产力,而且是先进生产力的集中体现和主要标志”的重要论断,充分揭示了科学技术对当代生产力发展和社会经济的重要作用,把马克思主义的科学技术思想提升到一个新的高度。

(一) 科学技术的重要地位与作用

在现代社会,科学技术是生产力的决定性因素。国家与国家的竞争关键在于综合国力的竞争,而综合国力的竞争关键在于先进生产力的竞争,先进生产力竞争的关键又在于科学技术的竞争。因此,先进的科学技术是国家富强的关键要素。

第一,社会主义制度优越性依赖科学技术来体现和发挥。要把增强我国的科技实力与发挥我国社会主义制度的优越性统一起来。中国共产党领导全国各族人民,经过长期奋斗,取得了新民主主义革命的胜利,建立了社会主义基本制度,解放和发展了生产力。在这个过程中,社会主义制度使科学技术摆脱了私有制的桎梏而获得解放,科学技术为社会主义制度和社会主义建设提供了强大动力。“科学技术同社会主义制度结合,同人民群众历史首创精神结合,同改造自然和社会的实践结合,就获得蓬勃发展的生机,产生出创造人间奇迹的伟大力量。”社会主义制度的优越性,最终体现为先进生产力比在其他制度下得到更快发展。

第二,社会主义现代化建设事业必须依赖强大的科技实力。科学技术,只有与经济和社会发展紧密结合,才能具有强大的生命力。20世纪90年代以来,

---

① 邓小平:《邓小平文选》(第3卷),人民出版社1983年,第106页。

② 同①,第275页。

世界上许多国家特别是大国,都在加紧调整科技和经济发展战略,增强以经济和科技实力为基础的综合国力,国际竞争越来越激烈。在这样的国际背景下,我国在改革开放的深入过程中,出现了国民经济持续增长、各项事业蓬勃发展的好态势。江泽民同志指出:"经济建设要解决的一切重大问题,都离不开科技进步,科学技术也只有同经济建设密切结合,才能充分发挥作用和具有广阔前景。""经济发展要以科技进步作为主要推动力;科技发展要围绕经济发展目标,为经济发展提供强有力的支撑和保障。"这些论断均强调了实现科技与经济紧密结合的重大意义。

(二) 科学技术的创新实质

江泽民指出,"搞科学技术特别是高技术,创新非常重要","创新是一个民族进步的灵魂,是国家兴旺发达的不竭动力",强调了创新对于科学技术发展的关键作用。

第一,科学技术的本质就是探索、创新。科学技术是探索自然界、人类社会现象背后的规律性的知识体系和方法体系,是一个发现或发明的过程。创新是人的创造性劳动及其价值的实现。历史上的科学发现和技术突破,无一不是创新的结果。如果没有创新,就不可能有创造发明,国家的发展、社会的进步就会因缺乏动力而放缓速度。当今国际竞争的态势表明:哪一个民族和国家善于创新,它就发展迅速,繁荣昌盛,就处于世界领先地位;当它创新少了,就会落后。

第二,建立国家创新体系。创新是江泽民提出的颇具特色的理论观点,建立国家创新体系是这一理论在现实中的体现,也是中国发展科学技术和充分发挥科技第一生产力功能的重大战略举措。江泽民同志强调指出:"进一步弘扬我们民族的伟大创新精神,加快建立当代中国的科技创新体系,全面增强我们的创新能力。这对于实现我国跨世纪发展的宏伟目标,实现中华民族的复兴,是至关重要的。"

第三,创新的关键在于人才。人是创新活动的主体,人才是知识的载体,是科技进步和经济社会发展的最重要资源。江泽民同志十分强调人才的作用。他说:"科学技术的发展,社会各项事业的进步,都要靠不断创新,而创新就要靠人才,特别要靠年轻的英才不断涌现出来。""知识创新和科技创新,关键要加强科技人才队伍的建设,特别要注重培养新的人才。青年科技人才,是我国科技事业发展的希望。"这些论述,精辟地阐明了人才对于科技发展的重要性,体现了江泽民同志对科学技术发展关键——人才问题的战略眼光。

（三）科学技术研究的战略重点

江泽民同志认为，基础性研究和高技术研究，是推进我国现代化建设的动力源泉。着眼长远、关注前沿，加强基础性研究和高技术研究必然成为科学技术研究的战略重点。

江泽民同志指出，基础性研究是科学之本和技术之源，其发展水平是民族智慧、能力和国家科学技术进步的基本标志。从事基础性研究工作的科研人员，要肩负国计民生的使命，不断探索自然界的规律，追求新的发现和创立新的学说，丰富人们认识世界、改造世界的理论和方法。各级科技工作管理部门应大力支持基础性科学研究，增强科技发展后劲。基础性研究的经济效益不会立竿见影，但它必然会对科技和经济的长远发展产生重大影响，必须始终给予高度重视。

江泽民同志还指出，发展高技术，是我国的一项长期战略。我们应根据国情，立足当前，着眼长远，对影响我国发展的重大高技术问题，及早做好部署和不失时机地加强研究开发。要紧密结合国家发展的目标，选择一批有基础、有优势，国力又可以保证，能跃居世界前沿，一旦突破对国民经济和社会发展有重大带动作用的课题，统一部署，精心组织，集中力量，重点攻克。江泽民同志强调，发展高技术，要始终突出自主创新。只有切实提高自主创新能力，我们才能减少对技术引进的依赖，提高参与国际市场竞争的能力，使我国在世界高科技及其产业领域占据一席之地。这是关系到经济繁荣、民族振兴和国家强盛的战略之举。

（四）推进科学技术发展的战略和策略

以江泽民为核心的党的第三代领导集体为了推进我国科学技术的发展，促进科学技术的繁荣，在从理性层面要求处理好诸种要素的关系，在科教兴国的战略要求下，坚持“有所为，有所不为”的原则，制定了现实层面上的一系列的战略和策略。

第一，科学技术人才的培养。江泽民同志明确指出，科技要发展，人才是关键。科学技术人员具有开拓新生产力和传播科技知识的重要功能，是社会主义现代化建设的骨干力量。可以说，人才是社会资源中最宝贵、最重要的资源。因此，大大提高我国劳动者中科技人才的比例，提高劳动者队伍的整体素质，对于我国科技的发展和社会主义现代化建设事业具有重大意义。在这个意义上，江泽民把加速培养优秀科技人才作为一项十分紧迫的战略任务。他还强调，培养和造就科技人才必须注重德才兼备。广大科技工作者肩负着科教兴国的伟大历史使命,必须坚持党的基本路线,发扬爱国主义精神,秉持求实创新精神和团结协作精神,充分发挥科技人才的创造才能和智慧,充分调动广大科技人员的积极性、主动性和创造性。大批优秀人才的不断涌现及其作用的充分发挥,是我国社会主义现代化事业成功的希望所在。

第二,加强党对科技工作的领导。江泽民同志认为,党的领导是实施科教兴国战略的政治保证。他要求各级党委和政府认真贯彻《中共中央、国务院关于加速科学技术进步的决定》,结合各地、各部门的实际情况,切实地把抓科技进步作为重大任务,摆在经济和社会发展的重要位置,制定有效措施,加强综合管理和协调,要多渠道增加对科技的投入,努力提高人力、物力、财力的使用效益。

第三,倡导优先发展科学技术的战略。江泽民指出,“全党必须增强科技意识……把科学技术切实放在优先发展的战略地位,统筹兼顾,真抓实干”,这是由中国的国情所决定的。而且,中国作为发展中国家,在科学技术相对落后的情况下,也只有把科学技术切实放在优先发展的战略地位,才能缩小同发达国家在科学技术方面的差距,才有可能在某些方面赶超世界先进水平。

第四,倡导、实施技术创新工程。江泽民强调指出,“全党同志和全国各族人民都要牢记,全面实施科教兴国战略,大力推动科技进步,加强技术创新,是事关祖国富强和民族振兴的大事”,而“要进一步加强技术创新,发展高科技,实现产业化,这是一项系统工程”。可以说,倡导、实施技术创新工程是贯彻科教兴国战略的重大战略举措。

江泽民同志关于科学技术的论述,是系统而深刻的,除上述几方面外,他还论及端正科技投入观念,完善科技体制改革、注重科技立法,加强科普工作、加快发展软科学、应用研究与开发研究、自然科学与社会科学的关系、科技教育生产之间的结合、推进“星火计划”和“863”计划的实施等重要问题。江泽民同志关于科学技术的论述,是邓小平理论的重要组成部分,是我们发展科技进步的指导思想和指导方针。

四、胡锦涛的科学技术思想

胡锦涛的科学技术思想有其深刻的理论渊源、实践基础和时代特征。就理论渊源来说,胡锦涛的科学技术观和马克思主义经典作家,以及包括毛泽东、邓小平等后续马克思主义者的科学技术观之间是一脉相承而又与时俱进的。

胡锦涛科技思想也有其特定的时代特征和实践基础,它是在建设中国特色社会主义现代化、全面建设小康社会进程中，为了贯彻落实科学发展观，回应和解决中国发展面临的突出问题和矛盾而提出的一系列科技思想及政策举措。随着我国长期以来的高速发展，人口、资源、环境问题日趋突出，过去以廉价劳动力、以破坏环境、牺牲子孙后代利益为代价的发展模式必须得到改变。党中央决定，必须转变经济发展方式，创建资源节约型、环境友好型的新型发展模式，换句话说，就是要依靠科学技术的进步推动经济社会的快速发展，从而走出一条科技含量高、环境污染少、资源消耗低、经济效益好、人与自然和谐相处的可持续发展道路。胡锦涛在“两院”院士大会上指出：“大力加强生态环境保护科学技术。要系统认知环境演变规律，提升生态环境监测、保护、修复能力和应对气候变化能力，提高自然灾害预测预报和防灾减灾能力，发展相关技术、方法、手段，提供系统解决方案，构建人与自然和谐相处的生态环境保育发展体系，实现典型退化生态系统恢复和污染环境修复，有效遏制我国生态环境退化趋势，实现环境优美、生态良好。要注重源头治理，发展节能减排和循环利用关键技术，建立资源节约型、环境友好型技术体系和生产体系。”①这是我们讨论胡锦涛科技思想必须界定清楚的理论和现实背景。具体而言，胡锦涛的科学技术思想包含以下几方面的内容：

（一） 科学技术的发展必须以科学发展观作为指导思想

在中国共产党第十七次全国代表大会上，胡锦涛就科学发展观这一问题做出了详细的阐述，他指出：“科学发展观，第一要义是发展，核心是以人为本，基本要求是全面协调可持续，根本方法是统筹兼顾。”②而中共十八大再次强调科学发展观是我国经济社会发展的重要指导方针，是发展中国特色社会主义必须坚持和贯彻的指导思想。③

第一，科学发展观的核心要义在发展，必须坚持把发展作为党执政兴国的第一要务。在以胡锦涛为核心的中央领导集体看来，发展对于中国特色社会主义现代化建设，对于我国全面建成小康社会建设具有决定性的意义，必须实施科教兴国战略、人才强国战略、可持续发展战略，着力把握发展的规律、创新发展的理念、转变发展的方式，提高发展的质量和效益，为发展中国特色社会主义现代化建设打下坚实的基础。第二，发展必须坚持以人为本。全心全意为人民

---

① 胡锦涛：《在中国科学院第十五次院士大会、中国工程院第十次院士大会上的讲话》，《人民日报》，2010年6月8日。

② 胡锦涛：《高举中国特色社会主义伟大旗帜 为夺取全面建设小康社会新胜利而奋斗》，《人民日报》，2007年10月25日。

③ 胡锦涛：《在中国共产党第十八次全国代表大会上的报告》，《人民日报》，2012年11月18日。

服务是中国共产党的根本宗旨，党的一切奋斗和工作目标都是为了造福人民。因此，科技发展要始终把实现好、维护好、发展好最广大人民的根本利益作为出发点和落脚点，做到科技发展为了人民、科技发展依靠人民、科技发展成果由人民共享。[①] 第三，发展必须坚持全面、协调、可持续性。在胡锦涛看来，中国特色社会主义必然是全面、协调、可持续发展的社会主义，要按照中国特色社会主义事业总体布局，促进现代化建设各个环节、各个方面相协调。为此，必须走科技发展、生活富裕、生态良好的生态文明发展道路，建设资源节约型、环境友好型社会，使科技在经济社会的永续发展中发挥重要作用。最后，发展必须坚持统筹兼顾。在胡锦涛同志看来，要实现经济社会的科学发展，必须正确认识和妥善处理中国特色社会主义事业中的重大关系，包括科技发展也必须统筹个人利益和集体利益、局部利益和整体利益、当前利益和长远利益之间的关系，既要总揽全局、统筹科技发展规划，又要着力推进、重点突破某些关键核心技术。

在科学发展观提出之后，胡锦涛同志强调科技发展必须“以科学发展为主题，以加快转变经济发展方式为主线，更加注重以人为本，更加注重全面协调可持续发展，更加注重统筹兼顾，更加注重保障和改善民生”[②]。在此意义上，科技的发展要坚持以人为本，让科技发展成果惠及全体人民，“这是中国科技事业发展的根本出发点和落脚点”[③]。根据科学发展观的要求，科学技术的发展要贴近民生，把改善民生作为科技工作的一个出发点和落脚点。科技发展的成果，要以解决人民最关心、最直接、最现实的利益问题为出发点，使科技发展成果更多体现到改善民生上。这清楚地表明了胡锦涛发展民生科技的思想，也表达了科学技术的发展必须坚持科学发展观作为根本的指导。

（二） 科学技术发展的战略核心是自主创新、建设创新型国家

中共中央十六届五中全会通过的《中共中央关于制定国民经济和社会发展第十一个五年规划的建议》和《国家中长期科学和技术发展规划纲要（2006—2020）》，提出国家发展战略要增强自主创新、建设创新型国家的重大课题。可以说，创新是胡锦涛科技思想的一个战略核心。科技自主创新理论是其科技思想的精髓。

之所以将自主创新作为胡锦涛科技思想的内核，是由于改革开放以来，虽然我国已在相关科技领域取得了巨大成就，但是仍然没有突破科学技术发展的

---

① 陈瑞：《胡锦涛科技思想研究》，兰州交通大学硕士学位论文，2014 年。

② 胡锦涛：《推动共同发展　共建和谐亚洲》，《人民日报》，2011 年 4 月 16 日。

③ 胡锦涛：《在纪念中国科协成立 50 周年大会上的讲话》，《人民日报》，2008 年 12 月 15 日。

自主创新能力低、对外技术依赖度高这个瓶颈。因此突破困境,提高科技自主创新能力就成为我国科技发展的重中之重。胡锦涛大力倡导科技自主创新精神,将其视为掌握国家、民族发展命运的关键之举,摆在国家科技工作的突出位置。自古以来人类历史的发展也表明,无论是哪个国家和民族,如果善于创新就发展得快,就会处于世界领先地位,而这个民族什么时候缺乏创新精神了,就会在竞争中失败。近代中国在国际上的落后,根本原因就在于封建社会的结构扼杀了创新思想,窒息了中华民族的创新精神。胡锦涛因此"动员全党全社会坚持走中国特色自主创新道路,为建设创新型国家而努力奋斗"[①]。

就概念而言,"创新"是美国经济学家熊彼特于 1912 年在其《经济发展理论》一书中首先提出的。他认为,所谓"创新"即是"建立一种新的生产函数",把一种从来没有的关于生产要求和生产条件的"新组合"引入生产体系[②]。这是从经济视角对创新做出的界定。自主创新[③]就是指创新的主体主要依靠自身的力量与技术进行研究和开发,独立地取得创新成果的活动。胡锦涛从中国特色社会主义出发,强调自主创新主要是原始创新,集成创新,引进、吸收、消化再创新。所谓原始创新[④]也称为根本性创新,是指技术有重大突破的技术创新,它常常伴随着一系列渐进性的产品创新和工艺创新,并在一段时间内会引起产业结构的变化。集成创新是指把个别的知识或者技术,整合为新的系统。引进、吸收、消化再创新,是指对引进的科学与技术,通过消化、吸收再研究,突破引进的科学与技术的已有成果,实现新的创新。当把自主创新作为一种国家行为来理解时,这三种类型都是创新,不能偏废,通过这几种创新使得一个国家不依赖外部的技术引进,而是依靠本国力量独立开发新技术、新服务和新产品。当一个国家自主创新能力比较弱的时候,会更多地引进技术,然后消化、吸收再创新;当一个国家自主创新能力变强的时候,会更多地进行集成创新,进行原创性努力。在胡锦涛看来,自主创新不等于绝对的自力更生,不等于闭关锁国,更不等于"关门创新"。它是以"我"为主,充分利用国内、国外两种资源进行创新,最终目的是自主开发自己的产品;自主创新不排斥开放与集成,集成技术也可以有自主创新[⑤]。

其次,科技自主创新的目标是提高自主创新能力,建设创新型国家,使中国

---

① 胡锦涛:《在全国科学技术大会上的讲话》,《求是》,2006 年第 2 期。
② 吴季松:《知识经济》,北京科学技术出版社,1998 年,第 28 页。
③ 余琳林:《胡锦涛科技自主创新思想研究》,成都理工大学硕士学位论文,2014 年。
④ 刘大椿:《科学技术哲学导论》,中国人民大学出版社,2005 年,第 382 页。
⑤ 胡锦涛:《在纪念中国科协成立 50 周年大会上的讲话》,人民出版社,2008 年,第 12 – 13 页。

进入世界科技强国和人才强国的行列。胡锦涛提出所谓建设创新型国家,“就是把增强自主创新能力作为发展科学技术的战略基点,走出中国特色自主创新道路,推动科学技术的跨越式发展;就是把增强自主创新能力作为调整产业结构、转变增长方式的中心环节,建设资源节约型、环境友好型社会,推动国民经济又快又好发展;就是把增强自主创新能力作为国家战略,贯穿到现代化建设各个方面,激发全民族创新精神,培养高水平创新人才,形成有利于自主创新的体制机制,大力推进理论创新、制度创新、科技创新,不断巩固和发展中国特色社会主义伟大事业”①。国际学术界一般将科技创新看作根本战略,大幅度提高自身科技自主创新能力并形成竞争优势的一类国家被称为创新型国家。目前世界上公认的创新型国家有20多个,如美国、日本、芬兰、韩国等。创新型国家的共同特征是在国家经济社会发展中,科技进步贡献率达到70%以上,研发投入超过GDP的2%以上,对外技术依存度在30%以下。我国科技创新能力较弱,对外技术依赖度较高,所以胡锦涛提出:“一个国家只有拥有强大的自主创新能力,才能在激烈的国际竞争中把握先机、赢得主动。特别是在关系国民经济命脉和国家安全的关键领域,真正的核心技术、关键技术是买不来的。”②这既是对历史经验教训的深刻总结,也是对中国发展现状的实事求是的判断。

再次,科技自主创新的出路在于坚持走具有中国特色的自主创新道路。胡锦涛在十六届五中全会上就如何创建创新型国家指出,要使中国的科技创新之路具有自己的特色,我们应该在增加原始创新能力,并把他们消化、吸收进行再创新的同时,把自主创新能力用在调整经济结构、转变经济增长方式的中心环节。胡锦涛指出自主创新由以下几个重要的环节组成:科学创新、技术创新和企业自主创新。

另外,走自主创新的道路必须培养国民的创新精神。没有创新精神就不会有创新的意识和冲动,自主创新的行为也就无从谈起。培养自主创新精神应着眼于两点:提高国民创新的精神愿望,把创新变成人们常思常想的国民意识;培养国民的批判精神。在宏观上,国家要通过理论创新推动制度创新、科技创新、文化创新及其他各方面的创新,为微观主体进行技术创新活动提供优越的社会环境;在微观上,企业要成为技术创新的主体,在激烈的国际竞争环境中,通过增强自主创新能力,来获得自身的生存和发展,并通过提升自身的技术含量实

---

① 胡锦涛:《坚持走中国特色自主创新道路 为建设创新型国家而努力奋斗——在全国科学技术大会上的讲话》,《人民日报》,2006年1月10日。

② 同①。

现产业升级，从而实现国家调整经济结构、转变经济增长方式的宏观管理目标。

（三）发展科学技术必须依靠全方位、多层次的人才队伍

实现自主创新的目标，建设创新型国家，关键在拥有自主创新的主体，即创新人才。胡锦涛在继承江泽民的科教兴国战略和人才战略思想的基础上，把人才工作与提升自主创新能力紧密联系在一起，提出了人才强国战略，从而把人才问题提升到国家战略的层面。他明确提出，"新世纪、新阶段我国人才工作的根本任务是抓好人才强国战略的实施"①。人才是最珍贵、最关键的战略性资源，自主创新，人才为本。"人才问题是关系到党和国家事业发展的关键问题。全党同志必须从全局和战略的高度，以高度的责任感和历史使命感，把实施人才强国战略作为党和国家一项重大而紧迫的任务抓紧抓好。""世界范围的综合国力竞争，归根到底是人才特别是创新型人才的竞争。"②从科教兴国战略到人才强国战略，标志着我国的人才工作进入到整合力量、全面推进的新阶段，同时也反映了胡锦涛对现代化建设和经济社会发展规律认识的深化，表明了中国共产党领导能力和执政水平的提高。人才强国战略的实施，使人的尊严、人的目的、人的力量与科学技术的发展、经济社会的进步、国家的富强及民族的振兴实现了高度统一。

胡锦涛人才强国战略提出要发挥全方位、多层次的人才队伍在推动科学技术发展中的根本作用；依靠发展教育来落实对全方位、多层次人才队伍的培养。他主张要建设全方位、多层次人才队伍就必须树立"人人都可以成才"的人才理念。"人人都可以成才"的观念反映了党中央的人才群众观和群众路线。"人人都可以成才"就是要从广大群众中去发掘、去培养，而不能只看到身边的人，只看到自己熟悉的人，任人唯亲。这是一种典型的人民群众创造历史的唯物史观。胡锦涛呼吁"努力造就数以亿计的高素质劳动者、数以千万计的专门人才和一大批拔尖创新人才"③。"要坚持德才兼备原则，把品德、知识、能力和业绩作为衡量人才的主要标准，不唯学历、不唯职称、不唯资历、不唯身份，不拘一格选人才。"④只要谁勤于学习、勇于投身时代创业的伟大实践，谁就能获得发挥聪明才智的机遇，就能成为对国家、对人民、对民族的有用之才。

---

① 中共中央文献研究室：《十六大以来重要文献选编》（下卷），中央文献出版社，2008年，第574页。

② 同①，第481页。

③ 胡锦涛：《在中国科学院第十四次和中国工程院第九次院士大会上的讲话》，《人民日报》，2008年6月24日。

④ 《中共中央国务院关于进一步加强人才工作的决定》，(2003－12－26)[2011－01－25]. http://www.gov.cn/test/2005－07/01/content_11547.htm.

胡锦涛认为，落实全方位、多层次人才队伍的培养要依靠教育，而发展教育事业重在改变观念和加大投入。要继续深化教育改革，加强素质教育，努力建设有利于创新型科技人才生成的教育培养体系。要以系统的观点统筹小学、中学直到大学、就业的各个环节，形成培养创新型科技人才的有效机制。改变单纯灌输式的教育方式，探索创新型教育的方式方法，在尊重教师主导作用的同时，更加注重培育学生的主动精神，鼓励学生的创造性思维。要深化人才工作的体制改革，建立充满生机和活力的人才工作体制和机制，营造尊重劳动、尊重知识、尊重人才、尊重创造的社会氛围，使更多的优秀科技人才特别是年轻人才脱颖而出、发挥才干。真正做到“用事业凝聚人才，用实践造就人才，用机制激励人才，用法治保障人才”①。

五、习近平的科学技术思想

习近平总书记的科学技术发展思想，在理论上，继承和发展了毛泽东、邓小平、江泽民和胡锦涛同志的科学技术思想的核心精华，丰富了马克思主义的科学技术思想，提出了一系列科学技术发展的观点，为新形势下我国加快科学技术发展指明了方向。在实践上，习近平同志的科技思想为现阶段我国科学技术事业的发展指明了方向，为政府相关部门科学地制定具体政策措施提供了有力的理论依据，对于我国实施创新驱动发展战略具有重要的指导意义。习近平总书记的科学技术思想主要包括科技功能思想、科技战略思想、科技创新思想、科技人才思想、科技体制改革思想、科技民生思想、科技文化思想及绿色科技思想等八个方面。习近平同志的一系列科学技术观既是对我国时代特点的准确把握，也是符合科技发展规律的科学思想，它们的提出进一步丰富和发展了马克思主义的科学技术观，是对中国特色社会主义理论体系的进一步深化和完善。

（一）科学技术的功能

“科技是国家强盛之基，创新是民族进步之魂。”②习近平同志深刻认识到科学技术的经济和社会功能，他强调“科学技术是经济社会发展的主要推动力量”③。科学技术是第一生产力，是经济发展和文明进步的重要力量。科学技术的发展促进了经济发展的同时也极大地促进了社会精神文明的进步。从历史

① 中共中央文献研究室：《十六大以来重要文献选编》（下卷），中央文献出版社，2008年，第64页。

② 习近平：《在中国科学院第十七次院士大会、中国工程院第十二次院士大会上的讲话》，《人民日报》，2014年6月10日。

③ 同②。

维度来看，科学技术的进步促进了人们从旧的思维方式、旧的传统观念向新的思维方式、新的观念的转变，与此同时也促进了生产者文化素质和科技素养的提高。科学技术是社会物质文明和精神文明的重要推动力量，它的进步与否直接关系到一个社会政治、经济、文化等领域的深刻变革。“科技兴则民兴，科技强则民强。”①习近平总书记深刻地把握了科学技术在当今时代的战略地位作用，其科技功能思想为现阶段我国加快科技强国之路提供了重要的目标指导，具有重要的战略意义。

（二） 科学技术发展战略

十八大明确提出的“科技创新是提高社会生产力和综合国力的战略支撑，必须摆在国家发展全局的核心位置”，强调我们要走具有中国特色的创新发展道路，实施创新驱动发展战略。一方面，长期以来，我国经济增长的主要方式是粗放型经济发展模式，这种发展模式依靠的主要是劳动力、资源和能源等低技术的驱动要素，长此以往导致我国产业结构的不合理，发展的不可持续性，产业结构调整的问题亟待解决。另一方面，科技创新的“乘数效应”优势突出，科技创新发展的带动性效益强，有利于我国综合国力的提升。为转变我国经济发展方式，实现从资源消耗型经济发展到创新驱动型经济发展的转变，增强科技创新的“乘数效应”，降低资源、能源的消耗量，全面提升我国经济增长的质量和效应，就必须要走实施创新驱动发展战略之路。习近平指出：“实施创新驱动发展战略，……是加快转变经济发展方式、破解经济发展深层次矛盾和问题的必然选择，是更好引领我国经济发展新常态、保持我国经济持续健康发展的必然选择。”②

习近平总书记在主持中央政治局第九次集体学习时指出：创新驱动是大势所趋也是形势所迫，实施创新驱动发展战略决定着中华民族的前途命运。“全党全社会都要充分认识科技创新的巨大作用，敏锐把握世界科技创新发展趋势，紧紧抓住和用好新一轮科技革命和产业变革的机遇，把创新驱动发展作为面向未来的一项重大战略实施好。”③创新驱动发展战略，涉及方面广泛，是一项系统的工程。在全面建成小康社会、实现中华民族伟大复兴中国梦的背景下，我们提出的实施创新驱动发展战略就是要充分发挥社会主义制度的优越性，走符合本民族特征的具有中国特色的创新驱动道路。

---

① 《敏锐把握世界科技创新发展趋势　切实把创新驱动发展战略实施好》，《人民日报》，2013 年 10 月 2 日。

② 习近平：《为建设世界科技强国而奋斗》，《人民日报》，2016 年 6 月 1 日。

③ 同①。

（三） 科技创新的核心作用

习近平的科技创新思想既是对马克思主义科技创新思想的继承和发展，同时也是对世界经济发展大趋势和我国基本国情的准确把握。习近平指出，“科技是国家强盛之基，创新是民族进步之魂”①。中国梦的实现需要以科技创新为推动力，增强我国综合实力。进入21世纪以来，科技创新的重要性日益凸显，当今世界各国在国际社会中的较量更多的是国家科技创新能力的较量。中国古代的“四大发明”、天文学、农学、医学等的发达曾使得中国长期处于世界强国之列，但明代以后，我国的科技创新水平随着“闭关锁国”的政策一落千丈，中国科技的发展与世界科技的发展失之交臂、渐行渐远，导致鸦片战争以来的近一个世纪中国“落后挨打”的局面。沉痛的历史经验告诉我们，一个国家和民族的命运走向往往由这个国家的科技实力所决定。习近平强调：“面对科技创新发展新趋势，世界主要国家都在寻找科技创新的突破口，抢占未来经济科技发展的先机。我们不能在这场科技创新的大赛场上落伍，必须迎头赶上、奋起直追、力争超越。”②此外，就如何增强创新能力，习近平指出，科技创新“不是闭门造车，不是单打独斗，不是排斥学习先进”，应积极引导、深化同其他国家的技术交流，学习国外先进的科技水平，加强国际间的创新合作，充分利用好国内外两种资源优势，不断推进我国的科技创新水平。

（四） 重视科技人才

“人才资源是第一资源，也是创新活动中最为活跃、最为积极的因素。要把科技创新搞上去，就必须建设一支规模宏大、结构合理、素质优良的创新人才队伍。”③我国是世界人口大国，人口资源优势突出，科技人才众多，但人才结构性不足，在尖端科研项目、重要科技领域等方面发挥带头作用的“领头羊”人物严重不足。“‘千军易得，一将难求。’要大力造就世界水平的科学家、科技领军人才、卓越工程师、高水平创新团队。”④习总书记强调，“一是要用好用活人才，建立更为灵活的人才管理机制，完善评价体系，打通人才流动、使用、发挥作用中的体制机制障碍，统筹加强高层次创新人才、青年科技人才、实用技术人才等方面人才队伍建设，最大限度支持和帮助科技人员创新创业。二是要深化教育改革，推进素质教育，创新教育方法，提高人才培养

---

① 习近平：《在中国科学院第十七次院士大会、中国工程院第十二次院士大会上的讲话》，《人民日报》，2014年6月10日。

② 同①。

③ 《听取科技部汇报时的讲话》，2013年8月21日。

④ 同③。

质量，努力形成有利于创新人才成长的育人环境。三是要积极引进海外优秀人才，制定更加积极的国际人才引进计划，吸引更多海外创新人才到我国工作。”[①]

（五） 完善科技体制改革

在科技体制改革中，习近平在讲话中指出，“要坚定不移走中国特色自主创新道路，深化科技体制改革，不断开创国家创新发展新局面”，“加快科技体制改革步伐，破除一切束缚创新驱动发展的观念和体制机制障碍”。[②] 在参加全国政协十二届一次会议科协、科技界委员联组讨论时的讲话中强调，“关于深化科技体制改革，中央已经做出全面部署。要进一步突出企业的技术创新主体地位，使企业真正成为技术创新决策、研发投入、科研组织、成果转化的主体，变‘要我创新’为‘我要创新’。促进科技和经济结合是改革创新的着力点，也是我们与发达国家差距较大的地方。要围绕产业链部署创新链，聚集产业发展需求，集成各类创新资源，着力突破共性关键技术，加快科技成果转化和产业化，培育产学研结合、上中下游衔接、大中小企业协同的良好创新格局。科技体制改革必须与其他方面改革协同推进，加强和完善科技创新管理，促进创新链、产业链、市场需求有机衔接”[③]。

（六） 追求科技民生

十八大之前习近平曾指出：“要把科技创新与提高人民生活质量和水平结合起来，在防灾减灾、公共安全、生命健康等关系民生的重大科技问题上加强攻关，使科技成果更充分地惠及人民群众。”[④]十八大以来，习近平在上海考察时曾强调，“要加大科技惠及民生力度，推动科技创新同民生紧密结合”[⑤]。可以说现今人民的生活水平同科学技术的发展息息相关。只有科技水平提高，才能保障人民的生活水平，实现全面建设小康社会的总体目标。习近平的科技民生思想充分体现了党“以人为本”“执政为民”的服务思想。我国发展科学技术不仅仅为提高国际竞争力，最根本的目的是要建设实现惠及十几亿人口的全面小康社会，把科技发展水平和人民生活水平紧密结合，综合提高人民幸福指数。习总书记的科技民生思想既符合科学技术自身发展的内在规律，也契合了广大人

---

① 《敏锐把握世界科技创新发展趋势　切实把创新驱动发展战略实施好》，《人民日报》，2013 年 10 月 2 日。

② 同①。

③ 中共中央文献研究室：《习近平关于科技创新论述摘编》，中央文献出版社，2016 年。

④ 习近平：《科技工作者要为加快建设创新型国家多作贡献——在中国科协第八次全国人民代表大会上的祝词》，人民网，2011 年 5 月 27 日。

⑤ 习近平：《加快科技体制改革步伐》，新华网，2016 年 2 月 29 日。

民群众共享科技成果的民心所愿。

（七） 培育科技文化

习近平总书记提出的科技文化思想主要包含两层含义，一是在全社会范围内广泛传播科学文化；二是要发展创新文化，培育创新精神。现阶段，文化的传播对社会、政治、经济的影响日趋强烈，弘扬科学精神、传播科学文化，是当今时代的政治工作任务。科技文化传播有利于社会良好文化氛围的形成，“围绕提高全民族科学文化素质，在全社会广为传播科学知识、科学方法、科学思想、科学精神，进一步形成讲科学、爱科学、学科学、用科学的社会风尚”①。要建设创新型国家，提高我国自主创新能力，加强科技文化建设，需培育文化创新氛围，积极引导青年科技人才形成良好的社会文化风气，树立正确的社会主义核心价值观。习近平指出：“广大青年科技人才要树立科学精神、培养创新思维挖掘创新潜能、提高创新能力。”②青年科技人才是我国经济发展的重要财富，要在发展创新文化的同时积极培育科技人才的创新精神、创新能力，不断推动科学技术的发展。

（八） 发展绿色科技

习近平的绿色科技思想覆盖范围广泛，是符合生态发展规律的科学思想，是符合环保型经济发展的新理念，有利于我国发展资源节约型、环境友好型社会经济，有利于形成人与自然和谐发展的科学技术。习近平同志指出：“绿色科技成为社会服务的基本方向，是人类建设美丽地球的重要手段。”③绿色科技不仅是解决可持续发展问题的利器，也是转变我国粗放型经济发展模式，发展绿色可持续经济，促进国家生态文明建设的重要手段，旨在实现人与自然的和谐发展。习近平同志强调，要加快从要素驱动、投资规模驱动发展为主向以创新驱动发展为主的转变。绿色科技创新可以不断解决人类面临的资源、能源日益短缺的问题，能够更好地保护生态环境，加快我国建设资源节约型、环境友好型社会。“绿水青山就是金山银山。”应积极倡导和大力发展绿色经济，减少生态环境破坏，合理利用现有自然资源，实现经济体系的环保、安全、低碳的可持续发展，促进我国绿色科技经济发展。

---

① 习近平：《科技工作者要为加快建设创新型国家多作贡献》，《人民日报》，2011 年 5 月 28 日。

② 同①。

③ 习近平：《让工程科技造福人类、创造未来》，《人民日报》，2014 年 6 月 4 日。

第三节 科学技术的本质及特点

由于现代意义上的科学和技术完全是“舶来品”，因此绝大多数中国人，包括受过高等教育的大学生、研究生甚至高级知识分子都对“科学”和“技术”这两个概念存在不同程度的误解。那么，科学和技术，或者更严格地讲，西方意义上的科学和技术究竟是什么呢？这是研究生必须要搞清楚的基本问题。

一、科学的本质及构成

（一）科学是文化的组成部分，因而是多元的

按照马克思主义的观点，科学属于理性知识，是人们在感性知识的基础上经过一系列的思维加工获得的，它是对自然界本质和规律的认识。而人们的思维方式由于各自所受到的教育不同，成长的文化背景不同，信仰体系信念不同等等，会存在很大差异，因此，在相同的感性知识的基础上，人们会“整理加工”出不同的理性知识——科学。这就好比尽管材料一样，但经过不同的加工厂，所生产出来的产品却是不同的。

另一方面，科学作为人类认识自然界的成果，它本质上属于人类的精神产品，这种精神产品无疑应属于文化的一部分，带有浓厚的文化色彩。由于文化是多元的，因而科学与道德、哲学、艺术、宗教等一样也应当是多元的。然而，对于这一点，绝大多数人都没有能真正意识到。这其中的主要原因是，今天，具有鲜明民族特色的文学艺术、道德规范、风俗习惯、宗教信仰、社会建制等仍深深地扎根于不同的民族、不同的国家、不同的社会、不同的文明中，而且在许多方面仍主导着人们的社会生活，所以，人们可以非常明显地体验到“自己的”文化。而与此形成鲜明对比的是，当今世界上几乎所有人从小学到大学学习的科学几乎都是西方的科学。这样一来，人们就有意或无意地形成了一种观念：尽管文化是多元的，但科学似乎是一元的，所有民族都一样。

然而，这种观点不仅在理论上、逻辑上站不住脚，而且与事实也不符。从理论上讲，在古代，科学和自然哲学是一家，后来才从自然哲学的母体中独立出来，甚至直到今天，在很大程度上仍然可以把科学看作是自然哲学（例如，西方人就持这种观点）；而哲学是文化的核心，是文化的基础，这几乎是公认的看法；科学作为人类创造出来的精神财富，理所当然地属于文化的重要组成部分；所以说，哲学、科学、文化是三位一体的，是一个不可分割的有机整体。这充分说

明,有什么样的哲学,就有什么样的文化,就有什么样的科学。哲学和文化上的差异必然在科学形态方面同样地表现出来。

从实际情况看也是如此。在古代,由于不同文明、不同文化之间的交流很少,因而它们之间的科学传统呈现出巨大差异。以中国与古希腊为例:天文学上,中国古代主要有三大学说,即盖天说、浑天说、宣夜说,而古希腊主要是日心说和地心说;医学上,中国古代人创立了中医学(一直绵延至今),而古希腊人创立了西医学(也一直绵延至今);数学上,中国古代人主要关注"数"和如何计算,把如何计算看作是一种"术",因此有《九章算术》,而古希腊人主要关注"形"和如何推理,把几何学看作是一种演绎出来的逻辑体系,因此有《几何原本》;物理学上,中国有墨子的《墨经》,古希腊有亚里士多德的《物理学》;等等。以现代眼光看,中西方之间的传统科学无论在理论基础、研究目的方面,还是在研究重点、研究方法方面,都存在着明显的不同。那么,为什么中西方传统科学之间会存在如此巨大的差异呢?很显然,这是由于中西方人在思维方式、价值取向、信仰信念、宇宙观、人生观等文化基因方面的差异所造成的。这也意味着,在中国哲学和文化的土壤上绝对不可能诞生出像牛顿力学、遗传基因理论、原子理论、能量子理论、电磁场理论、广义狭义相对论等具有明显西方文化特色的科学来;同样,在西方哲学和文化的土壤上也绝无可能诞生出以阴阳五行说为基础、以整体和辨证医治为原则或为核心的具有明显中国文化特色的中医学理论来。另一方面说,在中国哲学和文化土壤上永远也产生不出马克思主义、共产主义或社会主义、民主主义、政党政治、三权分立、多党制的思想,就如同在西方哲学和文化的土壤上永远也产生不出三纲五常、忠孝为先、天人合一的思想一样。

读者也许会问,既然每个文明、每个文化都有自己的科学,那么为什么现在全世界人都在学习和运用西方科学呢?为什么人们不坚持自己的传统科学呢?答案是,以西方科学为基础、为指导,可以发明和创造出现代技术,如内燃机技术、化工技术、电气技术、无线电通信技术、原子能技术、转基因技术、宇航技术等,这些技术可以变为人们在改造和利用自然界的实践中达到事半功倍效果的一种强大的物质手段,即人们通常所说的技术是一种生产力,因而可以成为推动社会进步、提高人类物质文明水平的巨大动力。所以,任何民族、任何国家,只要不想被孤立于世界,并希望融入文明世界,提高自身的物质文明水平,提升国家的综合国力,就不得不学习和运用西方科学。

以中国为例,有目的、有意识地学习西方科学始于19世纪末20世纪初。

由于第一次和第二次鸦片战争的失败和一系列丧权辱国的不平等条约的签订，迫使当时中国的有识之士进行反思：为什么具有几千年文明史的泱泱大国在本土被英国、法国这样的小国打得一败涂地呢？反思的结论是，其主要原因是西方人的“船坚炮利”。既然如此，我们何不“师夷长技以制夷”呢！这样一来，就有了中国历史上第一次有目的、有意识、大规模地学习和移植西方现代技术的轰轰烈烈的洋务运动。随着学习和移植西方现代技术的不断深入，人们终于认识到，这种技术来源于西方科学，是科学的应用，因此，要想学习和移植这种技术，还必须学习它的基础或来源——西方科学。如此看来，我们中国人在一开始学习西方科学时，完全是为了实用目的，“中体西用”论就是其最好的注解，而且直到今天仍然如此。

事实上，西方现代科学诞生自文艺复兴，经过 300 多年的发展，到19 世纪末，其学科内容、学科体系已经非常成熟，经典科学的各门学科的大厦都已经基本完工。但在这 300 多年时间里，我们中国人对所谓的非欧几何、万有引力理论、光的波动学说、热力学第二定律、燃烧的氧化学说、化学元素理论等基本是嗤之以鼻、不屑一顾的。比如说，哥白尼的日心说在 1543 年就已经被提出，牛顿的万有引力理论、光的波动学说、化学元素理论等在康熙年间就已提出，但直到 200 年后的光绪年间，中国的大知识分子如进士、举人都几乎没有任何人知道。在这段时间里，中国人之所以拒绝学习西方科学，是因为西方科学的实用价值还没有充分显现出来，而更重要的是当时中国没有受到西方列强明显的威胁。

这说明，当今世界上其他文明、其他文化之所以在近一二百年来努力学习和移植西方科学，大多是基于实用的考虑。

（二）科学的本质及其构成

那么，为什么在西方科学的基础上能够诞生出化工技术、电气技术、无线电通信技术、原子能技术、转基因技术、宇航技术等现代技术，而在其他形态的科学基础上就不可能诞生出这样的技术呢？这是由于西方科学具有独特的本质，这一独特的本质是：西方科学是对自然现象背后原因的猜测，或者说是对自然现象为什么会如此产生的一种解释或揭示，而且这种猜测或解释可以在人类经验范围内得到严格检验。因此，西方科学主要由四个部分构成：（1）人们对自然现象的获得和记忆（即人类经验）；（2）对这些自然现象为什么产生的原因进行猜测或揭示，以解释这些现象；（3）以这些猜测或解释为基础，经过一系列严密的逻辑推理，推演出有关结论或预言（以便检验）；（4）对这些猜测或解释进行严格检验。

很显然,第一部分是科学的基础。因为谁都知道,如果没有发现或还不知道某种自然现象,就谈不上对这种自然现象的研究和解释或对产生它的背后原因进行猜测。第二部分是科学的核心。科学之所以是科学,就是因为它是对自然现象产生原因的猜测,或者说,它是对自然现象为什么会如此出现的解释体系,因而是一种知其所以然的知识。第三部分是科学的主要部分。它是以猜测为前提推演出的一系列概念、公式、定律、原理等,这一部分既是技术发明、技术创造和指导人们实践的理论根据或理论指南,也是科学接受实践检验的通道。第四部分是通过观察或实验方法对那些猜测或解释进行检验。如果不对科学进行检验,甚至是严格的检验,那么谁都可以胡乱解释一通。这样,人们就无法把科学与宗教、迷信和伪科学区分开来。

从以上的分析中不难看出,科学的这四个组成部分构成一个紧密联系的整体,缺少任何一个部分都不能称其为科学。以牛顿的万有引力理论为例:人们经过长时间的观察,知道地球上的任何物体最终都会掉到地上,而不会飞到天上去(科学的第一部分),对这种自然现象如何解释呢?牛顿猜测,这是由于物体和地球之间有引力;既然物体和地球之间有引力,那么地球上的任何物体之间以及地球和月亮、太阳之间也"应当"有引力,否则是不合道理的;既然地球和月亮之间存在引力,那么宇宙中所有天体和物体之间也"应当"有引力,否则也是说不通的;所以,宇宙中任何事物之间都"必定"存在万有引力(科学的第二部分)。那么,宇宙中是否真的存在万有引力呢?必须对它进行严格检验。这种检验可以用两种方法进行:一种是直接检验,即直接观测出任何两个物体之间的引力,卡文迪许用扭秤测出了两个物体之间确实存在引力,且这种引力的大小与距离的平方成反比(科学的第四部分)。然而,万有引力理论被人们所接受并不是由于卡文迪许实验的成功(该实验距牛顿提出万有引力理论已有100多年时间),而是在此之前它就已经被许多间接证据所证明。以万有引力这一猜测为前提,经过严密的数学推导,可以得出这样的结论:初速度不太大的物体在引力的作用下,它的运动轨迹是一个抛物线;初速度大到一定程度的物体在引力的作用下,它的运动轨迹是一个椭圆;以万有引力这一猜测为前提还可以推导出,地球上的摆钟会随纬度的不同而产生误差,误差的幅度可以精确地算出,等等(科学的第三部分)。而以万有引力为基础,经过严密的逻辑推理(包括数学推导)得出的这些结论,都可以在人类经验的范围内得到证明(科学的第四部分)。这样一来,万有引力猜测就变成了大家公认的科学理论。

应当强调的是，在科学上，有些猜测或解释可以用观察或实验方法进行直接检验，但绝大多数猜测或解释在人类的经验范围内是得不到直接检验的，尤其是对已经深入微观领域和宇观领域的现代科学而言，更是如此。在这种情况下，对科学上的猜测或解释就只能依靠间接检验。间接检验完全以“后件为真（假），前件亦为真（假）”为原则：以某一猜测、假定为前提，用严密的逻辑推理（包括数学推导）演绎出一系列结论或预言，这些结论或预言如果在观察或实验中被证实，那么就认为它们的前提，即原来的猜测或假定是对的；反之就认为是错的。

很显然，人们之所以在科学检验中遵循这一原则，是因为人们认为，从前提出发经过严密的演绎推理所导出的结论和前提本身是完全等价的。因此，若导出的结论或预言与事实不符，那么其依据的前提就必然不成立。科学史上，万有引力理论、光的波动说、光的量子说、电磁场理论、电化二元说、物质构成的原子说、大陆漂移说、宇宙大爆炸学说等之所以被人们所公认，就是因为以这些猜测或解释为前提推演出的结论和预言都得到了科学事实（或人类经验）的证实。

然而，科学的间接检验所遵循的“后件为真（假），前件亦为真（假）”的原则实际上并没有坚实的逻辑基础。换句话说，后件为真（假），前件并不一定为真（假）。这一问题非常复杂，属于科学哲学的专业问题，在此不做进一步讨论。不过尽管如此，对科学猜测的检验只能遵循这一原则进行，没有其他更好的检验方法。

二、科学与技术之间的关系

（一）科学与技术是两个完全不同的概念

科学与技术几乎是中国人误解最严重的两个概念，这种误解主要在于把科学和技术混为一谈。其实，科学和技术是两个完全不同的概念，在 18 世纪前，科学和技术几乎没有什么联系。科学和技术紧密联系在一起，仅仅是从 18 世纪的第一次技术革命开始的。尽管今天的科学和技术已经联系得非常紧密，但它们之间仍然存在着本质差异，是两个完全不同的概念。弄清楚科学和技术之间的本质区别和联系，对研究生，尤其是理工科研究生而言，是非常必要和重要的。

1．目的不同

科学的根本目的是认识、解释自然，并在此基础上预见自然现象，从而提高人类洞察自然的能力，揭示出自然界的奥秘。而技术作为人类改造和利用自然界的实践活动,其根本目的是创造人工自然,提高人类创造物质财富的能力,即帮助人类创造数量更多、质量更好的物质产品。

2. 动力不同

促进自然科学发展的动力在于人类探索自然之谜的好奇心和求知的本性。人类为了摆脱愚昧无知和对自然的惊恐而努力探索自然界的奥秘,人类的这种对自然界的不懈探索和求知欲正是促进科学持续发展的不竭动力。而"为应用而探求知识"的活动恰恰是促进技术进步的动力。除了探索自然界奥秘的求知欲之外,人类还有另一种欲望:为自己的生存或更好地生存创造更多更好的物质财富,并且在各种实践活动中力图达到事半功倍的效果。如何才能使这一欲望不断得到满足呢?只有通过技术的不断进步。所以说,人类对物质财富的追求和达到事半功倍效果的欲望就是技术进步的不竭动力。

如此看来,正由于科学和技术的目的不同,因而推动它们前进的动力也不同:科学前进的动力是人类的求知欲,而技术前进的动力是人类对物质的追求。社会实践的作用一是为科学提供材料,二是为技术提供经验知识;而科学的作用一是为人类驱除愚昧,二是为技术提供科学知识。

3. 检验标准和追求目标不同

由于科学的目的是为了认识和解释自然,因而它的评价标准和所追求的目标首先是"正确性",即科学对自然现象的解释必须要能够与事实相符。这种"正确性"更重要的表现是在,科学不仅要与现在和过去的事实相符,而且还必须与未来的事实相符,即预言未知自然现象和得到越来越多的科学事实的支持是衡量科学"正确性"的一个重要标准。技术作为人们利用、改造自然界,创造人工自然,并力求达到事半功倍效果的一种手段和方法,它的追求目标和评价标准主要是有效性,即技术在使用过程中必须尽可能地帮助人们达到一定的实践目的,或者说,技术的使用必须行之有效。否则,任何技术都没有意义。

4. 成果形式不同

科学作为人们对自然界的一种认识活动,或作为人们对自然界的一种反映,从本质上讲是人的思想意识,也就是说,科学的成果形式是以精神形态存在的。它主要包括新概念、新定律、新公式、新原理及新假说(理论)等,而这些当然都属于人的观念。技术则不同,它作为人们改造和利用自然界并据此创造物质财富的活动,其成果是以物质形态存在的。尽管新的技术原理、技术思想、技术方法(这些可能属于观念性的东西)的提出完全可以看作是技术上所取得的新成果,但只有当这些技术原理、思想、方法变成实际技术,并在这些技术的应用过程中达到了人们的预期目的或收到了实际效果,才能被人们视为现实的技术。因此,任何技术的最终成果形式都是以物质形态存在的:原子能技术的成果形式是原子弹、原子能发电站;无线电通信技术的成果形式是移动电话、互联网;激光技术的成果形式是激光器;基因技术的成果形式是转基因食品、克隆羊;等等。

5．奉行原则或遵循规范不同

与教师、警察、法官、商人等一样,科学家作为一个群体也有他们自己的行为规范和精神气质,“正是这些无形因素维系着科学共同体成为有强大生命力的社会集团”。这些无形因素实际上在科学传播和交流、科学进步方面也起了重要作用。科学共同体所奉行的共同原则或遵循的共同规范是普遍主义和公有主义。所谓普遍主义,即深信科学知识具有意义,是放之四海而皆准的,因而在对科学成果进行评价时,阶级、种族、宗教、民族、国籍、党派、职业等一切社会属性均不在考虑之列。科学向一切有能力进入科学大门的人敞开,科学知识向一切人开放。所谓公有主义,就是指承认科学发现或科学成果本质上是社会合作的结果,它属于整个科学共同体乃至整个社会,科学家无权独占(或收回)自己的科学发现或成果,而必须无条件地向全世界公布。

科学发现或成果还奉行公开原则,即不保密原则。科学家所能换回的唯一“私有财产”就是发明权或科学成果的冠名权,诸如欧姆定律、安培定律、卡诺原理、拉普拉斯变换、傅里叶级数、克拉珀龙方程、泊松公式等。这样,为了科学事业进行艰苦工作,甚至付出毕生精力的科学家所能获得的最高奖赏或“财富”就是同行和社会的承认。正如默顿所说:“承认是科学王国的通货。”这种承认不仅是科学家努力工作的内在激励因素,也是科学共同体能够不断运转的能源和动力。

与此相反,技术所奉行的原则和所遵循的规范是私有主义或排他主义。这就是说,技术人员经过努力所取得的技术成果,如技术发明、技术创造等,都可以成为他自己的私有财产。因此,他完全可以向社会或他人保密,不公布自己技术成果的具体内容。他还可以申请专利,待价而沽,社会用法律像保护私人财产一样保护个人或团体的技术专利。

在日常生活中,我们经常听说某某技术专利卖了多少钱,也经常听说美国等西方国家的许多高新技术对我国严格保密,千方百计地不让最先进的技术流入我国等。但大家从未听说过法拉第的电磁感应原理卖了多少钱,普朗克的量子假说卖了多少钱,普里高津的耗散结构论卖了多少钱,洛仑兹公式卖了多少钱;也没有听说过这些原理、定律、公式、假说申请了什么专利。这就是科学与技术的一个重要区别:技术可以卖钱,而科学不可以卖钱;技术可以申请专利或保密,而科学必须公开,让全世界人共享;技术受知识产权保护,而科学不受知识产权保护。

此外,科学和技术的研究方法或研究程序、从事研究的人员、与文化模式之间的关系以及与生产实践之间的关系也完全不同。

(二) 科学与技术的联系

既然科学与技术之间有如此重大差异,那为什么许多人仍然把它们混为一谈呢?这主要是因为当今的科学技术呈现出明显的技术科学化趋势。即现代技术完全是建立在科学理论基础上的。比如,没有法拉第的电磁感应原理,就没有什么电气技术;没有麦克斯韦的电磁场理论,就没有什么无线电通信技术;没有原子物理学理论,就没有什么原子能技术;没有分子生物学的基因理论,就没有什么转基因技术、克隆技术;等等。这就意味着,如果没有现代科学的进步,现代技术的发展就将是空中楼阁。当然,今天科学的进步也需要技术为其提供支撑,这种支撑主要是,科学研究所需的科学事实和严格检验都要依赖精确的实验,而精确的实验当然要依赖技术的支持。正由于现代科学与技术之间的联系越来越紧密,越来越形影不离,因此导致人们产生一种普遍的误解:科学与技术似乎是不分家的,似乎是一回事。

总而言之,从本质上看,科学是在创造知识,是人类认识自然界的知识体系,而技术只是在应用知识,因而科学对技术的影响是决定性的,科学进步是技术进步的必要条件,有了科学的突破,新技术的诞生就是水到渠成的事。正因为如此,科学比技术更重要、更关键,或者说,科学技术创新实质上就是科学创新。遗憾的是,对这一问题的认识,我们绝大多数科学技术工作者存在重大误解。

三、科学与哲学之间的关系

(一) 科学与哲学有共同的起源

我们今天的科学是从文艺复兴后的近代科学逐渐发展而来的,它一开始是以古希腊的自然哲学的复归形式出现的,因此,现代科学的前身是古希腊的自然哲学,或者说,今天的科学与自然哲学具有共同的起源。

在古代社会,人们由于经验和知识非常贫乏,因而对周围的种种自然现象感到非常惊异和迷惑不解,为了摆脱这种无知的状态,人们就凭借自己先天的直觉和思辨能力从总体上对自然现象进行解释或猜测，这种对自然现象存在、产生和变化原因的总体解释或猜测就是早期的自然哲学。但是，人类的求知本性使其并不满足于对自然现象的总体解释，还力图对自然现象的各个方面、各个部分和各个层次进行分门别类的、具体的解释，于是自然科学的诞生就成为可能。

由于科学是对自然现象的某个方面、某个部分或某个层次的具体解释，因而这种解释是否符合事实可以通过人类的经验加以检验（因为人类的经验都是具体的、个别的）。而自然哲学则不一样，由于它是人类对自然界的总体解释甚至是抽象解释，因而这种解释在本质上无法与人类的具体经验或具体的自然现象一一对应起来。这就意味着，用人类经验无法去对自然哲学内容或命题进行评判，因为它们实际上属于完全超越于人类经验的"形而上"的知识，即属于形而上学。它们之所以不可能在人类经验范围内得到检验，或不可能与具体的自然现象对应起来，是因为它们是关于自然界的总体的、思辨的、抽象的、超验的知识。

由此可见，在古代自然哲学和科学都起源于人们对自然界的惊异及其对自然现象背后原因的猜测或解释，因此它们本是一家人。而自然哲学与科学的本质区别或划分标准仅在于，前者属于在人类经验范围内无法得到证实或证伪的"形而上学"；而后者属于可用人类经验，尤其是人类专门的、系统的、纯粹的、精确的、典型的、定向的经验（即通过实验获得的经验）来检验的"实证知识"。事实上，文艺复兴后，西方近代科学之所以能够从自然哲学理论体系中脱离出来，与之分道扬镳，成为文化的一个独立组成部分，就是由于伽利略创立了实验方法，因而人们可以对关于分门别类的、具体的自然现象的解释或其背后原因的猜测进行严格检验。所以说，科学是分门别类的自然哲学；而自然哲学是总体的、抽象的科学。

（二）哲学对科学的决定性影响

尽管科学已经从自然哲学母体中独立了出来，但由于科学毕竟脱胎于自然哲学，携带了其母体的全套（文化）基因，因而它不可避免地仍然受到自然哲学的强烈影响，这种影响主要表现在：

第一，哲学作为价值论，为科学活动设定方向或开辟道路。科学研究是一种对未知世界的探索活动，为了保证这种探索活动能沿着正确的方向前进，尽最大可能地获得预期的成功，科学家在一开始就必须用某种信念或思想为他的研究活动定向，为他的研究活动提供理论指导。不言而喻，这种信念或思想就是某种哲学观念,或由某种哲学观念衍生而来。对科学研究活动而言,这种哲学观念起着一种指路明灯的作用,尽管它不能保证科学家向这一指路明灯前进就一定能够到达成功的彼岸,但它却可以保证科学家的研究活动有较大可能获得成功。

科学史上,这方面的例子可以说举不胜举。1820 年,当丹麦科学家奥斯特发现了电流的磁效应后,法拉第马上就意识到,既然电能产生磁,那么其反效应,即磁生电的现象就必然存在。在 1821 年的日记中他就记有"磁转化为电"的字样,因为他坚信,世界应当是统一的,自然力应当是统一的,而如果自然界中只存在电流的磁效应,不存在磁的电效应现象,那就破坏了自然界的统一性,这将是不可思议的。正是在"世界具有统一性,自然力具有统一性"的这种哲学信念的支配下,法拉第才不顾一次又一次的失败,经过 11 年的不懈努力终于发现了电磁感应现象。同样,门捷列夫之所以费尽心血寻找化学元素之间的规律,是因为他认为元素的性质和原子量之间肯定有某种联系,不同元素的化学性质之间必定存在某种规律,而如果化学元素之间不存在什么联系或规律,那将是无法想象的。

第二,哲学作为本体论,为科学提供形而上学基础。康德曾明确指出:"一切本义上的自然科学都需要一个纯粹的部分,在它上面可以建立起理性在其中所寻求的无可置辩的确定性。"①在康德自己看来,这个作为基础的纯粹部分是作为形而上学的哲学。很显然,这就意味着,"一种纯粹的科学需要一种纯粹的哲学"②。纵观科学史,几乎每一个重大的科学理论都具有相应的哲学基础。哥白尼是毕达哥拉斯主义的忠实信徒,在他看来宇宙应当是和谐的、简单的、完美的、有序的、在数上成比例的,而托勒密的"地心说"完全违反了这一原则,只有"日心说"才能与这一原则相吻合。"天空的立法者"开普勒也"坚信上帝是依照完美的数的原则创造世界的,所以根本性的数学谐和,即所谓天体的音乐,乃是行星运动真实的可以发现的原因。"③康德、拉普拉斯之所以提出星云假说,是因为他们坚信世界上的任何事物都是发展变化的,都是一个过程。诸如此类,不一而足。因此,我们可以毫不夸张地说,没有哲学为科学提供形而上学基础,科学就会成为空中楼阁。其实,中西方科学的不同也主要是由于中西方哲学的不同所导致的。

---

① 康德:《自然科学的形而上学基础》,邓晓芒译,生活·读书·新知三联书店,1988 年,第 6 页。

② 雅斯贝尔斯:《智慧之路》,柯景华译,中国国际广播出版社,1988 年,第 110 页。

③ 丹皮尔:《科学史》,李珩译,商务印书馆,1975 年,第 193 页。

第三，哲学作为认识论，为科学提供认知图式或释译框架。科学研究是人类对自然界的认识活动，这种认识活动不是靠单纯的 S→R（刺激→反应）过程进行的，而是按皮亚杰所说的 S→AT→R（刺激→认知图式→反应）过程进行的。即人们接收到的外界物理刺激（或信息）本身是中性的，没有任何意义，它只有经过认知图式（认知格式塔）的同化、整合，才能导致主体对它做出反应，形成认识。这说明，主体对客观世界的认识并不像洛克所说的那样，就好比在一张白纸上打上各种印记，而是主体在接收到客观世界的各种信息后，经过认知图式的整理和加工才能得到的一种输出。那么这种认知图式是什么呢？皮亚杰认为它是主体在与客体的相互作用过程中逐渐建立起来的一种释译框架，这种认知图式或释译框架与主体的语言、思维方式、文化模式、知识背景和知识结构密切相关。康德认为它是一种“先验范畴”。而实际上，对作为人的高级认识活动（理性认识活动）的科学认识而言，这种认知图式或释译框架的核心就是哲学思想，或者说，这种认知图式或释译框架是由哲学思想决定的。因此，这就决定了，具有不同哲学思想的人或民族会把相同的科学事实或相同的信息整理加工成不同的科学理论。

第四，哲学作为方法论，为科学研究提供适当的方法。科学家的研究活动是一个探索未知世界的认识过程，如何才能使这一过程不断深入自然，揭示出自然现象的背后原因，科学家必须解决一个“如何认识”的问题，即遵循什么样的认识程序、过程或方法才能尽可能地使科研活动更有成效，这就明显涉及科学方法的问题。科学方法贯穿于整个科研活动的始终，而科学方法的主要理论基础则是哲学。正如人们通常所说的，有什么样的世界观就有什么样的方法论。事实上，几乎所有重要的科学方法都有其相应的哲学基础，或者说，科学方法都是在哲学思想的指导下建立起来的。比如，观察、实验、归纳方法和经验论思想是一脉相承的。经验论者洛克说得很清楚：“我们的全部知识是建立在经验上面的；知识归根到底都是导源于经验的。”①既然人类的一切知识都来源于经验，那么对自然界的认识当然就必须运用观察、实验方法以获得经验材料，然后再对之进行归纳。而演绎方法、公理化方法则是唯理论的直接延伸。笛卡尔就坚持认为，感性认识是不可靠的，是会迷惑人的，因此人类要想获得清楚明白的知识，只有从无可置疑的公理出发，经过严密的演绎推理才能做到这一点。很显然，这种逻辑演绎方法与唯理论是完全一致的。

① 北大哲学系外国哲学史教研室：《西方哲学原著选读》，商务印书馆，1981 年，第 450 页。

总之,“哲学是科学的基础”,是由哲学和科学的本质所决定的。哲学是一种世界观、方法论,它集中体现了人们的思维方式、价值取向、普遍心态、情感情趣、思想观念,它决定了人们观察问题、分析问题和解决问题的方法和水平;而科学是人类探索自然界、认识自然界的一种活动,因此,这种活动的基础是什么,本质是什么,其成果形式说明了什么,以什么思想来指导这种活动,以什么方法来进行这种活动等等,无一不与哲学紧密相关。所以我们有充分理由认为,哲学作为科学的基础,决定着科学活动的一切主要方面,科学比艺术、道德、法律、政治更受哲学的影响。甚至在某种意义上科学就是哲学的一部分,正如怀特海所说,“科学与哲学两个领域的划分是很不容易的事”[①]。至于中国古代科学与西方科学之所以完全不同,其主要原因正是由于它们之间的哲学基础不同。

四、经验技术与科学技术

我们知道,经验是人类对自然现象的认识,属于感性知识,它的获得主要依赖于人类的感官和记忆能力;科学是人类对自然现象背后原因的认识,属于理性知识,它的获得主要依赖于人类的理性思维。人类在这两类知识的基础上都相应地发明和创造出了相应的技术:经验技术和科学技术。由于这两种技术的来源不同,因而它们在性质上有很大差异,而且也呈现出十分不同的特点。中国学界对经验技术和科学技术的来源、性质和差异几乎没有进行过认真研究,所以在这方面存在着诸多误解。这些误解直接影响到中国人对“李约瑟难题”的解答和科学技术创新战略的制订和实施。因此,对经验技术和科学技术做一番认真研究是非常必要的。

(一) 从经验到技术

技术作为人类改造和利用自然界,并力图达到事半功倍效果的一种手段、技能、方法或工具,几乎是与人类的生产实践活动同时诞生的。人类在与客观世界接触或相互作用过程中,凭先天的记忆能力把许多自然现象以信息的形式储存在大脑中,从而形成经验。“从经验所得许多要点使人产生对一类事物的普遍判断,而技术就由此兴起。”[②]这是由于人类不仅天生有记忆能力,而且还天生有模仿、类比或类推能力,所以能够把经验“外化”或“拓展”,从而利用经验

---

① 怀特海:《科学与近代世界》,何钦译,商务印书馆,1959 年,第 139 页。

② 亚里士多德:《形而上学》,吴寿彭译,商务印书馆,1959 年,第 2 页。

为自己达到事半功倍效果的目的服务。

在古代社会中，人类的自然知识相当贫乏，科学还远未产生，因而人类的几乎一切实践活动都只能凭经验行事，即模仿客观世界中以前出现过的现象，再辅之以类比或类推，来为达到某种实践目的服务。在这种情况下，理所当然地就出现了以经验为基础的技术——经验技术。

古人经常看到木头浮在水面上，后来加以模仿，并挖空木头中间的一部分以便于载人或载东西，就成了独木舟。古人看到泥土被森林大火烧过后会变硬，而且放进水里也不会散架，能永远保持原状，于是他们就把泥土做成一定形状的便于盛东西的器皿，然后再放到火中去烧，制陶技术便逐渐诞生了。在制陶过程中，古人很可能在取土时混进了金属矿石，经大火烧过后，金属矿石被熔化成液体，但冷却后却变成了不仅摔不碎，而且非常坚硬的物体，这样冶炼技术便诞生了。鲁班被带刺的草叶划破了手，后来他通过模仿和类推发明了锯子。而其他诸如饲养、农耕、种植、建筑、纺织、治病等技术，无一不是在人类经验基础上，通过对自然现象的模仿、类比或类推创造和发明出来的。

对于经验与技术之间的关系，亚里士多德曾做过精辟的论述。他说："人从记忆积累经验；同一事物的屡次记忆最后产生这一经验的潜能。经验很像知识与技术，但实际是人类由经验得到知识与技术。"①他还指出："与经验相比较，技术才是真知识；技术家能教人，只凭经验的人则不能。"②这充分说明，古代技术都来源于经验，与科学几乎毫无关系。

众所周知，不同民族或不同文化背景的人由于在感知能力、记忆能力以及简单的模仿和类比能力方面没有什么差异，因而获得的经验也没有什么不同，所以全人类在此基础上创造出来的古代（经验）技术也都是类似的：类似的船、类似的车、类似的石斧、类似的弓箭、类似的种植、类似的饲养、类似的制陶、类似的建筑、类似的纺织等等。事实上，古代技术主要可分为七大类：种植技术、饲养技术、建筑技术、纺织技术、制陶技术、冶炼技术、交通运输技术。种植和饲养技术解决人们的吃饭问题，建筑技术解决人们的居住问题，纺织技术解决人们的穿衣问题，制陶和冶炼技术解决人们的用具问题，交通运输技术解决人和物的流动问题。解决了这些问题人类就完全进入了文明社会。根据历史学家汤因比的观点，人类历史上存在过 26 种文明，而所有这 26 种文明中都有这七大类技术。从历史的角度进行推测，这些类似的技术不可能通过相互学习或相

---

① 亚里士多德：《形而上学》，吴寿彭译，商务印书馆，1959 年，第 1 – 2 页。

② 同①，第 3 页。

互交流得到,肯定都是各个民族或各个文明独立创造发明的,尽管时间上或许有先有后。

(二) 从科学到技术

当欧洲社会经过文艺复兴的战斗洗礼而诞生了近代自然科学后,技术就有了第二个来源——科学。在前面的有关内容中我们已经论述了,科学与经验最本质的区别是:科学是对自然现象背后原因的揭示,而经验只是对有关自然现象的记忆,换言之,科学是“知其所以然”的知识,而经验只是“知其然”的知识。

不过在一开始,由于科学刚从自然哲学体系中分化或独立出来,尚处在起步阶段,因而对自然现象的研究仍比较肤浅,人们还不可能用统一的原因对同一类自然现象做统一的解释,即还未形成分门别类的自然科学学科。所以,这一时期(约 17—18 世纪)的技术尽管已经开始逐渐以科学为指导,但经验因素仍起重要作用,或者说,技术的发明和创造在很大程度上还必须依赖人类经验。这就导致这一时期技术的一个显著特点:既包含科学,又依赖经验。经过文艺复兴,摆脱了宗教神学的桎梏后,西方人似乎又回到了希腊时代:研究自然的热情和兴趣被重新激发出来,求知的本性再一次激励人们去探索大自然的奥秘。因此在这一时期西方人观察到了更多的自然现象,获得了更多的经验,这样一来也为技术发明和创造提供了更多的模仿或类比原型。像伽利略、惠更斯的摆钟,盖里克、波义耳的抽气机,胡克的气压计,尤其是瓦特对蒸汽机的改进都典型地表明了这一点。以蒸汽机的改进为例,如果没有当时热力学理论的发展,尤其是如果没有物理学家布莱克(他第一次把热量和温度概念做了区分,还第一次提出了“热容”“比热”“潜热”的概念,他是热力学理论的奠基人之一)在理论上的帮助,瓦特根本不可能有意识、有目的地发明冷凝器,因为经验中没有这种原型。当然,蒸汽机的改进同时又与作为格拉斯哥大学仪器修理工的瓦特的丰富经验分不开。

除此之外,纵观这一时期的技术,还可以发现一个有趣的现象:与古代技术不同,当时大多数技术都是由“科学家”,而不是由纯粹意义上的工匠创造发明的。这也许正是技术已经开始从以经验为基础向以科学为基础过渡的一个极好佐证。

19 世纪被人们誉为科学的世纪,这不仅是因为各门基础学科都已基本成熟,经典科学的概念、定律、原理都已牢固地建立起来,更重要的是科学的应用——技术,已经显示出巨大威力,它几乎改变了整个世界,改变了整个人类的生存方式。换句话说,从 19 世纪开始重大技术的发明创造几乎已经完全依赖于科学,经验在其中所起的作用已微乎其微:维勒和李比希以他们的有机化学理论为指导,最先尝试用化学合成肥料代替天然肥料,后来导致一场农业革命;奥托、狄塞尔等人以成熟的热力学理论为指导,发明了内燃机,大大提高了热机的效率,导致又一场动力革命;惠斯通、西门子以法拉第电磁感应原理为指导,发明了电机,使人类迈进了电气时代;马可尼、波波夫以麦克斯韦的电磁波理论为指导,发明了无线电通信技术,彻底地改变了人类的信息交流方式;等等。以科学为基础的技术,即科学技术的诞生为人类开创了一个新纪元,它使得人类社会的进步呈加速发展的趋势。

应当指出的是,由于这些技术都是建立在西方科学基础上的,因此这些技术最先全都是由西方人发明创造的。当然,在最近几十年中,其他民族和地区的人由于学习了西方科学,在某些方面也创造和发明了一些科学技术,但还远未能和西方人并驾齐驱。

（三） 经验技术和科学技术的区别

由于经验技术和科学技术是在不同基础上创造出来的,因而它们之间呈现出许多不同的性质和特点。

1. 经验技术是模仿技术,科学技术是创造技术

正如前面已经指出的,人类的经验从本质上讲是人脑对发生过的自然现象的一种记忆,由此可知,以经验为基础的技术都能直接或间接地从自然现象中找到它的“原型”,或者说,以经验为基础的技术都是对自然现象的某种形式的模仿或类比。船的发明是对木头浮在水面上的直接模仿;种植和饲养技术的发明是对植物和动物生长过程的直接模仿;锯子的发明是对草叶的间接模仿或类比。

相反,我们之所以说科学技术是一种创造技术,是因为这种技术是根据科学假说或科学原理发明创造出来的,它在自然界中没有任何“原型”可以模仿,因此它在本质上是从“无”中创造出“有”。比如说,自然界中绝没有类似发电机的事物,但根据电磁感应原理可以创造出发电机;自然界中绝没有类似真正的“千里眼”“顺风耳”的现象,但根据电磁场理论可以发明创造出无线电通信技术;自然界中更没有原子弹和计算机的原型,但原子物理学理论和电子学理论可以把它们创造出来。

2. 经验技术是渐进技术,科学技术是突变技术

经验是人们在长期观察自然现象和与自然界相互作用的过程中获得的,因而它必然要受到自然界本身的制约。这就是说,只有当自然界中出现了某种现

象,人类才能获得与之相对应的经验;而如果自然界中不出现这种现象,人类也就不可能获得这方面的经验。由于人类的实践范围是在逐渐扩大、逐渐深入的,不可能在较短的时间内出现显著的飞跃,因而人类的经验通常是逐渐积累的。这就决定了以经验为基础的技术在整个古代社会中也只能以渐进形式向前发展,不可能在较短的时间内出现飞跃。纵观世界技术史,这是非常明显的事实。例如种水稻,从选种、下种、施肥,直到收割、储藏,每一个环节都有讲究,都充满了技术,但经过数千年时间,直到19世纪,这种以经验为基础的技术并没有取得重大突破。

与经验不同,科学作为人们对自然现象背后原因的揭示,本质上是一种思维的创造活动,尽管它必须以自然界为解释对象,但并不需要局限于自然界,人们可以充分发挥想象力、创造力提出革命性的具有划时代意义的猜测——科学假说。牛顿猜测,自然界中所有物质之间都存在相互的吸引力;法拉第猜测,在磁体周围存在磁场,电荷周围存在电场;托马斯·扬和菲涅耳猜测,光是一种横波;普朗克猜测,辐射是量子化的;等等。这些科学假说一经诞生,就为新技术的发明开辟了道路。例如,既然变化的电场必激发磁场,变化的磁场又激发电场,这种变化着的电场和磁场共同形成了电磁场,而且以横波的形式在空间以光速传播,那么人类就完全可以以这种电磁波为媒介进行远距离无线电通信。事实也是如此,当麦克斯韦提出电磁场理论后的大约30年,无线电通信技术就诞生了。所以,以科学为基础的技术完全有可能随着科学假说(或理论)的诞生而跳跃式发展。纵观19世纪以来各领域内的技术发展过程,几乎无一不是以跳跃形式出现的:从化肥的使用到生物遗传工程的实施;从飞机到宇宙飞船;从电能到原子能利用;从青霉素到人造器官;从晶体管到集成电路;从电话到全球通信网络。所有这些重大技术成果都不是对先前技术的一种改进或完善,相反都是一种技术突破,即都标志着新技术的诞生。

3. 经验技术是后生技术,科学技术是前生技术

经验技术以经验为基础,没有经验,当然就没有技术。而经验是作为主体的人在与作为客体的自然界的相互作用过程中获得的,如果人与自然界之间不曾有过某种相互作用,人就不可能具有这方面的经验,因而也就不可能产生这方面的技术。因此,经验技术是一种后生技术。例如,如果没有见过圆木滚动的现象,人类就不可能发明出车轮;如果没有被带刺的草叶划破手指之类的经历,鲁班就不可能发明锯子;如果没有见到过金属矿石在高温下变为液体,冷却后又变硬的现象，人类就不可能发明出冶炼技术。实际上，“最初的冶铸技术就是从烧陶技术演变而来的”①。

科学技术之所以被看作是前生技术，是因为它是以科学的“预见”为基础发明的技术。大家知道，科学虽然在很大程度上是对自然现象和人类经验进行解释的一种理论体系，但更重要的是，它对未来的自然现象具有预见作用，这正是科学被人类广泛应用的前提。近现代技术作为对科学的一种应用或一种物化当然也是基于这一点。很显然，当卡诺定理和热机效率的原理提出后，实际上就为人类提高热机效率指明了方向；当牛顿提出万有引力定律和向心力公式后，实际上就为宇航技术打下了理论基础；当核裂变理论提出后，离原子能的利用实际就只有一步之遥了；当摩尔根建立起遗传基因学说，沃森、克里克弄清楚了 DNA 的结构后，转基因技术的诞生实际上只是时间问题了。

总而言之，只要科学知道了某类自然现象产生的背后原因，那么只要物质条件具备，与之相对应的技术的诞生就会紧随其后。这就意味着，与经验技术相比，科学技术是一种预言的技术，是一种无须“原型”的技术，是一种在人的思想观念中创造出来的技术。从这种意义上来说，科学技术是一种前生技术。可想而知，单凭事后的经验是永远不可能发明出宇航技术、原子能技术和转基因技术的。

4．经验技术是单生技术，科学技术是多生技术

既然经验技术仅仅是一种“知其然”的技术，是通过对经验的模仿或类比获得的，那么经验技术与经验之间就必定存在一一对应关系：一种经验只能产生一种技术。而且经验本身是个别的，只与具体的现象相关联，同事物的内在本质没有关系，这就决定了一种经验技术的产生与其他技术的产生基本没有什么联系。所以说，经验技术只是一种单生技术。

科学技术由于以科学假说为基础，而科学假说是一种普遍陈述，揭示的是一类事物或现象的共同原因或共同特性，因此一种科学假说可以为多种“应用”开辟道路，即促使与此相关的多种技术的诞生，从而产生一个技术群。例如，在热力学理论的指导下，人类发明了内燃机、空调、电冰箱技术；在基因理论的基础上，人们发明了“克隆”技术、转基因技术、基因疗法、基因识别方法；在电磁波理论的基础上，人们发明了无线电通信技术、电视技术、遥控技术、雷达技术等。

① 陶大镛：《社会发展史》，人民出版社，1982 年，第 25 页。

所以说,科学技术是一种多生技术。

5. 经验技术是技能技术,科学技术是知识技术

这是对于技术的使用和改进而言的。由于人类的经验是在某一类特定的环境下获得的,因而当人们运用以经验为基础的技术或对这种技术进行改良时,就必须视具体情况的不同而进行相应的调整,这样一来,应用和改进技术的人就必须具有相应的经验和技能。就制陶技术而言,在选料(陶制品的原料叫陶土,专业术语应叫胎料或坯料)、制坯、焙烧的各个环节都有很严格的技术要求,稍有差错,就会前功尽弃。那么究竟如何精选胎料和掺和料,并将其调和成胎泥呢?当然只能靠长期的观察和实践来积累经验,培养技能。很显然,要想更快地掌握这门技术,拜师学艺是必不可少的,因为这可以帮助新手少走弯路。其实,其他经验技术也一样,即运用技术的人本身必须具有相关方面的经验和技能,古今中外培养工匠之所以都采用师傅带徒弟的方式,其原因就在于此。

科学技术由于其原理基于具有普遍意义的科学假说,因此它的运用受环境影响很小,即使在不同情况下要做某种程度的“调整”,它也可以事先由理论精确地加以确定,而无须运用技术的人自己摸索做多大程度的调整。或者说,科学技术由于以理论为指导,因而它可以预言(因为理论能够预言,经验则不能)技术在使用中会出现何种情况,从而可以事先告诉使用技术的人如何去进行“调整”。以建立在科学基础上的制陶技术为例,如何选胎料和掺和料才能调制出合适的胎泥呢?很简单,只要把胎料和掺和料的化学成分搞清楚,就可以按百分比进行精确调制;如何才能用最佳温度焙烧呢?只要用自动控制的方式把火的温度控制在某一个区间就行,根本无须通过看火的颜色来判断火的温度,然后再进行适当调整。由此可以看出,使用科学技术的人通常不需要像工匠那样积累丰富的经验和具有相关的技能。因此,科学技术也不会像经验技术那样,可能由于某一大师的死亡而导致某项技术的失传。但是,由于科学技术来源于科学,因此运用、改进或创造科学技术的工程师或其他技术人员必须学习掌握相关的科学原理,即他们必须是知识分子;而运用、改进或创造技术的工匠则不必是知识分子,即使是一个文盲,也能成为一流的工匠。

也许有人会问,为什么在以前我们一直未能意识到经验技术和科学技术之间的区别呢?为什么没有注意到古代技术与近代以来兴起的以西方科学为基础的现代技术之间的区别呢?究其原因,是由于我们在以前一直未能把科学与经验,把对自然现象产生原因的猜测和对自然现象本身的描述严格区分开。现在,是我们把“知其然”的经验技术和“知其所以然”的科学技术区分开来的时候了。

科学技术与经验技术是两种性质完全不同的技术，搞清楚它们之间的区别对我们认识和理解有关问题很有必要。例如，有许多人搞不明白为什么中国古代的技术很发达、很先进，而到近代以来突然落后于西方世界了？现在我们终于明白，中国古代技术属于经验技术，发展速度非常缓慢，而现代技术属于科学技术，它的发展模式是突变性的，因此，西方现代技术在二三百年间快速超过中国古代技术就不足为奇了。要知道，凭经验技术尽管能制造出非常精美的陶瓷、纺织品，建造出非常宏伟的宝塔、庙宇、宫殿，冶炼出锋利无比的宝剑，但凭经验技术永远不可能制造出一颗原子弹，不可能制造出一部手机，因为这些仅仅是科学技术的产物。

五、当今科学技术的特点

进入20世纪以来，由于量子力学、分子生物学、相对论、计算机科学等学科的创立及其对其他学科的影响，科学技术进入了一个新时代——现代科学技术时代。现代科学技术与近代科学技术相比，呈现出了许多新特点。

（一）既高度分化，又高度综合

现代科学技术发展的一个基本特点是，一方面高度综合，另一方面又高度专业化。高度综合使今天的科学技术呈现出某种整体化趋势；高度分化或专业化又使之呈现出多样化趋势。

科学技术发展到今天，之所以出现了明显的综合化趋势，乃是由于世界在物质上具有统一性。换言之，自然界在物质上的统一性是科学技术必然走向整体化的客观基础。

严格地讲，科学技术的综合化、整体化趋势从18世纪就已经开始显现。牛顿力学体系把天上行星的运动规律和地上物体的运动规律综合统一了起来。19世纪中叶，迈尔、焦耳等人发现的能量守恒和转化定律把自然界中的各种运动形式统一了起来。19世纪下半叶，麦克斯韦的电磁场理论又把光现象、电现象、磁现象综合统一了起来。20世纪以来，爱因斯坦建立的狭义相对论和广义相对论把时间、空间、运动和质量又统一了起来；接着，他又提出了宏伟的统一场论的设想，试图把自然界中最基本的四种相互作用力——万有引力、弱相互作用力、电磁相互作用力和强相互作用力统一在一个理论框架内，这方面的研究工作到目前为止，已经取得了一系列重大成果。

第二次世界大战后，科学技术的综合化、整体化趋势主要表现在以下三个方面：

第一，不同学科之间诞生出大量的边缘学科。所谓边缘学科，是指在不同学科的相邻或相交处产生一种中间性、过渡性学科。例如，最早的边缘学科物理化学就是在物理学和化学的相邻处产生的。20 世纪 40 年代以来，由于各分支学科的大量涌现和学科之间的不断渗透，边缘学科如雨后春笋般生长出来，诸如生物物理学、生物化学、生物物理化学、地球物理学、地球化学等，就是典型的例子。边缘学科的产生和发展，消除了传统学科之间的分离界限，加深了各门学科之间的相互联系，使科学技术日益紧密地联结为一个整体。

第二，科学与技术之间、科学与科学方法之间相互渗透产生出众多的交叉学科。所谓交叉学科，是指用一门学科的内容或方法对另一门学科进行研究而出现的新学科。如运用实验方法研究物理学、化学、医学、生物学，就产生了实验物理学、实验化学、实验医学、实验生物学；运用量子力学内容研究化学就产生了量子化学；运用计量方法研究物理学、化学、生物学就产生了计算物理学、计算化学、计算生物学；运用无线电技术研究天文学就产生了射电天文学；运用激光技术研究医学就产生了激光医学；等等。交叉学科与边缘学科的区别在于，边缘学科是在不同学科之间相连接的领域内产生的，它和原学科是并列的关系；而交叉学科由于是用一门学科的内容或方法对另一门学科进行研究而产生的，因此它和原学科不是并列关系，而是从属关系，是被研究学科的分支学科。例如，实验化学只是化学的分支学科；计算生物学只是生物学的分支学科。

第三，不同学科的共同协作形成了各种横断学科。所谓横断学科，是指运用多门学科的内容和方法对同一对象进行研究而产生的新学科。这些新学科包括生态学、海洋科学、空间科学、系统科学等。

此外，自然科学和社会科学的相互结合、相互融合也是科学技术综合化的一个突出表现。随着科学的发展和科学方法的不断更新，人类对自然和社会发展规律的认识越来越深刻。人们发现，在许多方面自然界和人类社会之间也存在深层的统一性和一致性，这为自然科学和社会科学的融合和相互借鉴提供了坚实的基础。事实上，在当今的社会科学研究中，数学方法、模拟方法、系统方法的运用已经屡见不鲜，甚至还诞生出许多交叉学科，如数量经济学、定量社会学、统计教育学、医学社会学等。

现代科学技术在高度综合，呈现出明显的整体化趋势的同时，也表现出另一种趋势——高度分化或专业化。现代科学技术的这种高度分化的特点有着深刻的客观原因：人类对自然界的研究总是由浅入深，由窄到广。这意味着，人类对自然界的研究必然会越来越专业化。或者说，随着研究自然界的活动不断深入，人类必然会从多角度、多层次对自然界进行探索。

从科学史看，每门基础学科都无一例外地经历了不断分化或不断专业化的过程。进入20世纪40年代以来，这种分化过程的速度更快，专业化程度更高，产生的专业学科的数量也迅猛增加。以物理学为例，从17世纪到20世纪30年代，先后分化出了力学、热力学、光学、电磁学、原子物理学、量子力学等分支学科，而第二次世界大战以来，这些分支学科几乎都分化出了更细的分支学科，如高能物理学、量子电动力学等，有些甚至还分化出了专业化程度极高的低温物理学、中子物理学、凝聚态物理学等学科。

科学技术的高度专业化使人类能够对某类自然现象进行更深刻、更精确的认识，有助于人类在更深的层次上破解自然界的奥秘，同时也有助于人类在更大的范围内进行科学综合。因为在科学上，没有分化就没有综合，分化是综合的前提；而没有综合，分化就会迷失方向，就会钻进死胡同。所以说，现代科学技术的高度综合和高度分化的特点既代表了科学技术发展的趋势，也是科学技术发展的必然结果。

（二）　发展速度不断加快

只要对科学史进行深入考察就不难发现，自近代科学诞生后，它的发展步伐一直在不断加快，进入20世纪后这一特点更加明显。人们把这一现象称为科学发展的加速律。科学发展的加速律亦有其客观性。众所周知，人们研究探索自然界都是以以前的知识为基础的，这意味着积累的知识越丰富、越多，人类就可以在越大的范围内，越深的层次上进一步认识自然，从而获得更多的知识。正如恩格斯所说："科学的发展则同前一代人遗留下来的知识量成正比，因此，在最普遍的情况下，科学也是按几何级数发展的。"①

如果说，在恩格斯的时代科学发展的加速特点就已经显现出来，那么时至今日，现代科学技术的加速发展趋势则更加明显。这一趋势充分说明，科学界和哲学界长期流行的所谓知识"极限论""顶峰论"和"饱和论"是站不住脚的，相反，自然界还有更多和更深层的奥秘等待人类去探索。美国科学家、科学史家普赖斯对科学发展的加速现象进行了长期深入的研究，并于20世纪40年代提出了著名的科学发展的指数规律，即 $S = S_0 e^{kt}$，其中，S 为现有科学知识量，k 为常数，其值由不同国家或不同时代的生产水平及其他因素决定，t 为时间，以

---

① 中共中央马克思、恩格斯、列宁、斯大林著作编译局：《马克思恩格斯全集》（第1卷），人民出版社，1972年，第621页。

年为单位。有人根据对300年来的统计数据的分析，得出 $k \approx 0.07$。因此原式 $S = S_0 e^{0.07t}$。根据这一公式不难计算出，科学发展的规律是，知识量大约每10年翻一番。即当 $t = 10$ 时，$S = S_0 e^{0.07 \times 10} = S_0 e^{0.7} = 2S_0$。

但必须指出的是，普赖斯提出的科学发展的这一指数规律仅是根据经验资料总结出来的，并不十分准确，其科学性也不是无可置疑的。尤其是他选择的衡量科学发展的指标主要是科学期刊、科学论文、科学著作、科学人力、科研经费等，这样一来，就完全忽视了科学发展过程中的质的因素。比如，爱因斯坦1905年提出狭义相对论，其主要内容就集中在《论动体的电动力学》一文中，如果单纯以论文数量来衡量它对科学发展的作用，显然是不合理的。究竟选取哪些指标才能准确地代表科学技术发展的实际情况，还有待于进一步探索。

不过从总体上看，现代科学技术的加速发展仍可以从科学论文和科学著作的数量，从事科学研究的人数和科研经费金额的成倍增长方面得到说明。有人做过统计，近30年来，科学新发现的数量比过去2 000年的总和还多。现代物理学中90%的知识是1950年以后取得的。有人还估算过，科学知识总量翻番所需的时间在19世纪大约为50年，在20世纪中叶大约为10年，到20世纪90年代，大约只要3～5年的时间。正是由于知识翻番所需的时间不断缩短，因而有人提出了所谓的“知识爆炸”的说法。

很显然，科学知识总量迅猛增加的背后是从事科学研究人员的数量在迅猛增加。以我国为例，2001年在校研究生是46万人，2002年猛增到62万人，2009年是140万左右，2017年则是215万左右，而在20世纪90年代初这一数字是10多万人，80年代初仅为2万多人，单单研究生的学位论文20年来就翻了几番。如果研究生毕业后每人发表的论文数量基本不变，即发表的论文数与毕业研究生数大体成正比，那么科学论文的数量也必然会随之相应增长。当然，这同时意味着，随着从事科学研究的人员数量的迅猛增加，人类对自然界探索研究的广度在不断扩大，深度在不断加深，研究成果自然也就会迅猛增长。如此一来，“知识爆炸”也就成了现代科学技术的一种必然现象。

总之，由于近几十年来世界范围内兴起的“信息社会”“知识经济”“创新经济”浪潮，迫使各国重视科学技术的研究和科研人员的培养，因而导致科研队伍的迅猛扩大，从而有力地促进了科学技术的加速发展。

（三）数学的应用越来越普遍

科学技术作为人类探索和改造自然界的活动，必然要从定性认识逐渐走向定量认识和精确认识。从理论上讲，人类认识任何事物都首先要搞清楚事物的根本性质。在认识了事物的根本性质后，就必然要对事物内部和事物之间的各种关系进行定量研究。而随着认识的进一步深入，人类在定量研究的基础上必然要对事物的各种关系进行精确描述，以达到对事物全面的和“细致入微”的认识。因此，人类对自然界的认识从总体上看，都是沿着“定性认识—定量认识—精确认识”的道路不断向前发展的。不言而喻，当人类对自然界的认识从定性走向定量时，就必须运用数学，而当这种认识从定量走向精确时，就必须处处运用数学。这就是现代科学技术越来越离不开数学，越来越普遍地运用数学来描述有关问题的客观原因。

以化学为例，在1661年波义耳发表的标志着近代化学诞生的著作《怀疑派化学家》中，没有运用到任何数学。即使在其后的100多年中，由于人们都在集中精力对各种化学元素和化学物质进行定性研究，因而也极少涉及数学。但当人们基本搞清楚了各种化学元素及许多重要化学物质的基本性质后，在开始研究化合物的组成及它们在化合物形成过程中反应物之间、反应物与生成物之间的量的关系时，在开始研究化学热力学和化学动力学时，数学的运用就成为必然。而当人们开始探索从微观层次上解释物质结构和化学物质的性质（即量子化学）时，化学这一学科就一刻也离不开数学了。同样，物理学、生物学、地质学、天文学的发展过程也都是一个运用数学越来越普遍或数学化程度越来越高的过程。

进入20世纪，由于各门基础科学都经过了大约二三百年的发展历程，因而基本都已经走向成熟，都已经深入到微观层次进行探索，进入精确研究阶段。换言之，各门基础科学都已进入充分运用数学手段揭示各种关系、描述各种过程、解决各种问题的时代。

值得指出的是，不仅像物理学、化学、生物学、地质学、天文学这些传统的基础性学科都普遍地运用数学描述问题，因而数学化程度在不断提高，而且由于20世纪新诞生的学科大都是在原有学科基础上经过相互渗透、相互交叉、相互融合形成的，所以这些学科一诞生，其数学化程度就很高。如系统科学、环境科学、生态学、生物物理学、地球化学等学科，一开始就建立在定量研究的基础上，因此它们一开始就离不开数学。

现代科学技术的数学化不仅由于人类研究自然界逐渐从定性到定量再到精确这一过程的推动，同时也由于数学本身高度发展的促进，尤其是计算机技术的诞生，更有力地推动了数学向各学科领域的渗透。事实上，今天的气象学、天体物理学、高能物理学、计算生物学等学科都必须极大地依赖计算机的运算。

所以说,现代科学技术的数学化特点既是人类认识自然界发展的必然趋势,也是数学本身和计算机技术发展所推动的结果。

第四节　科学技术的发展

一、科学发展的动力及模式

（一） 科学发展的动力

由于科学是文化基因的外在表现形式,具有浓厚的文化特色,所以我们绝大多数人对西方文化意义上的近代科学存在诸多误解。其中重大误解之一就是认为西方近代科学的诞生及其发展应归功于当时欧洲工商业发展的需要和推动,并认为科学作为对自然界的认识,其主要目的就是人类为了更好地改造和利用自然界或更有效地进行社会实践,因此,社会实践是推动科学进步的最主要动力。

这种对科学的误解或错误认识已经严重地影响到中国的科学创新能力,现在是我们消除这些误解的时候了。首先必须搞清楚的是:科学的目的是为了求知,是为了满足人们的好奇心和驱除愚昧,而不是为了实用;推动科学进步的最主要动力是人们的求知欲或好奇心,它是人们价值观的反映。

1. 从科学的本质看科学发展的动力

人类通过对客观世界的认识而获得的知识有两种:经验和理论。前者属于对现象本身的认识,即感性知识;后者属于对现象为什么如此产生的解释,即理性知识。比如说,人类通过天生的感知能力和记忆能力都知道“每经过大约24个小时,白天和黑夜就交替一次”;都知道“每经过大约365天,气候就会经历一个循环”;都知道“人老到一定时候都会死亡”等等。这就是感性知识,就是经验。但是,我们假如问:为什么总是“每经过大约24个小时,白天和黑夜就交替一次”或为什么“太阳每经过24个小时就会从东方升起”?为什么“每经过大约365天,气候就会经历一个循环”?为什么“人老到一定时候都会死亡,而绝不会万寿无疆”?它们背后的原因是什么?如果对这些“为什么”进行解释,那么就是理性知识,就是所谓的理论。当然,由于不同的人的思维方式、价值观、信仰信念、知识结构、知识水平、理解能力不同,尤其是其成长的文化背景不同,因此,会用不同的原因对这些客观现象做不同的解释,即提出不同的理论。

前面我们已经指出,西方科学的本质就在于,它是对自然现象产生原因的一种猜测或解释,而以这种解释或猜测为前提推导出的公式、定律、预言等可以得到人类经验的严格检验。这就是说,西方科学本质上是对自然现象背后原因的揭示,是对自然现象为什么会如此产生的解释体系。

西方科学的这一本质决定了推动科学进步的动力必须是人的求知欲或好奇心。"求知是人类的本性。"[①]求什么"知"呢? 在亚里士多德看来,所谓人类的求知欲或好奇心实际就是试图探寻现象背后的原因。那么为什么要探寻现象背后的原因呢? 亚里士多德自己说得很清楚:"我们不以官能的感觉为智慧;当然这些给我们以个别事物的最重要认识。但官能总不能告诉我们任何事物所以然之故——例如火何为而热;他们只说火是热的。"[②]因此,"我们是在寻求现存事物,以及事物之所以成为事物的原理与原因"[③]。

这就是说,人类认识世界主要不是认识世界的现象,而是要认识现象背后的原因,只有认识了现象背后的原因才能说真正认识了该事物,仅仅知其然而不知其所以然,并不属于"真知"。而且,仅仅"知其然"根本就不属于智慧,所谓智慧实质就是"知其所以然"。不用说,认识现象背后的原因从而"知其所以然",以达到驱除愚昧,满足人类好奇心的目的,正是推动科学发展的不竭动力。

2. 从科学的起源看科学发展的动力

大家知道,在古希腊时期科学和哲学是不分的,那时科学还远远没有从自然哲学母体中独立出来。那么,古希腊的自然哲学是如何起源的呢? 它的目的是什么呢? 亚里士多德对此做了很好的说明,"古往今来人们开始哲理探索,都应起源于对自然万物的惊异;他们先是惊异于种种迷惑的现象,逐渐积累一点一滴的解释,对一些较重大的问题,例如日月与星的运行以及宇宙之创生,作成说明。……他们探索哲理只是想脱出愚昧,显然,他们为求知而从事学术,并无任何实用的目的"[④]。很显然,在亚里士多德看来,自然哲学起源于人类对自然万物的惊异。惊异什么呢? 惊异自然界中为什么有如此繁多的事物,如日月星辰、高山峡谷、江河湖海、飞禽走兽、树木花草等;惊异为什么会有瘟疫、旱灾、洪灾、地震、蝗灾等。

人们的这种惊异驱使他们开始"哲理探索",即探寻这些令人恐惧的自然现象背后的原因,以合理地解释它们,从而达到消除人类恐惧感的目的。不难理解,这正是科学或早期自然哲学的真正起源。比如,自然界中如此繁多的事物

---

① 亚里士多德:《形而上学》,吴寿彭译,商务印书馆,1959 年,第 1 页。
② 同①,第 3 页。
③ 同①,第 31 页。
④ 同①,第 5 页。

的原因是什么呢？或者说它们是从何而来的呢？泰勒斯认为是“水”，赫拉克利特认为是“火”，恩培多克勒、亚里士多德认为是“水、土、火、气”四种元素，留基伯、德谟克利特认为是原子，等等。为什么石头沉到水底而木头浮在水面上呢？阿基米德的解释是，因为水对浸没在其中的物体有向上的浮力，浮力的大小等于排开水的重量。由于石头密度大，重量大于排开水的重量，所以下沉；而木头密度小，重量小于排开水的重量，所以上浮。诸如此类，不一而足。按照我们现在的观点，前者无疑属于自然哲学，后者无疑属于科学。

总之，西方科学与自然哲学都起源于“对自然万物的惊异”，正是由于对自然万物的惊异，强烈地激励古希腊人去进行“哲理探索”，即努力探寻自然现象背后的原因，以解释这些现象为什么会如此产生。如果真正探索到了这些原因，无疑就是“真知”或“真理”。正如亚里士多德所说：“哲学被称为真理的知识自属确当。因为理论知识的目的在于真理，实用知识的目的在其功用。”①不言而喻，这种“哲理探索”，这种对“真知”“真理”的追求，不仅是科学和自然哲学的共同起源，同时也是推动科学发展的不竭动力。

3．从科学家的研究活动看科学发展的动力

人们由于生长的文化背景不同，所以会持不同的价值观和不同的信仰信念。如此一来，就会出现这样的情况：有些人认为某件事非常重要，非常有价值或有意义，所以他们就义无反顾地去坚持做这件事，甚至付出毕生的精力；而另一些人认为同样的事非常不重要，没有任何价值或意义，所以他们对这件事嗤之以鼻，无论怎样也决不会去做这件事。这就是说，人们的价值观和信仰信念是做或不做某件事的直接的决定性因素。

古希腊人一开始就认为，认识自然界、揭示自然界的奥秘是最有价值和最有意义的事，因此，古希腊哲学家几乎全是自然哲学家，或者说全是“科学家”。古希腊的第一个哲学学派米利都学派的泰勒斯、阿那克西曼德、阿那克西米尼都是自然哲学家，其后的毕达哥拉斯学派、亚里士多德的逍遥学派、芝诺的斯多亚学派、伊壁鸠鲁学派等也都是自然哲学学派。所以我们说，“西方文化起源于古希腊文化。希腊文化起源于米利都学派的自然哲学。这种哲学同时也是科学。所以说，希腊文化起源于科学”②。

古希腊人热衷于认识自然界、揭示自然界奥秘的这种价值取向有其深刻的哲学背景。留基伯最早提出了“因果原则——没有什么事情无缘无故而发生，

① 亚里士多德：《形而上学》，吴寿彭译，商务印书馆，1959年，第33页。

② 周昌忠：《西方科学的文化精神》，上海人民出版社，1995年，第2页。

一切事情的发生都有原因和必然性”①。在德谟克利特看来，“宁肯找到一个关于因果的说明，也不愿获得一个波斯王位”。亚里士多德更把认识现象背后的原因看作是哲学家的基本任务和人类的最高智慧，他明确指出：“哲人知道一切可知的事物，虽于每一事物的细节未必全知道；谁能懂得众人所难知的事物，我们也称他有智慧（感觉既人人所同有而易得，这就不算智慧）；又，谁能更善于并更真切地教授各门知识之原因，谁也就该是更富于智慧。”②

这意味着，古希腊人不仅把认识自然界、揭示自然界奥秘看作是最有价值、最有意义的事，而且还认为，认识自然界、揭示自然界奥秘的实质就是要搞清楚自然现象为什么会如此产生的原因，并对之进行合理解释，从而达到人类“求知”、驱除愚昧和消除对自然界恐惧心理的目的，并不报任何功利性想法。大哲学家罗素对此也曾明确指出，“欧几里得几何学是鄙视实用价值的，这一点早就被柏拉图谆谆教诲过”。③

古希腊人的这种仅仅为了求知，为了摆脱愚昧和满足好奇心，并不赋予任何实用目的而从事对客观世界自由“哲理探索”的价值取向被整个西方文化所继承。经过文艺复兴的战斗洗礼，当西方世界为这种纯学术的自由研究重新提供了充分条件后，近代科学就瓜熟蒂落了。当西方近代科学诞生后，古希腊人的这种仅仅为了求知而不为实用目的探索自然界奥秘的价值取向，就成了激励科学家进行“科学研究”的持久动力，从而不断推动科学的创新和进步。

科学史告诉我们，至少在20世纪前西方科学的几乎任何一个重大科学理论的诞生都与实用目的无关，整个西方科学的发展几乎与社会实践没有任何关系。如果有人不信，那么我们设问：牛顿孜孜不倦地探索“苹果和抛物体为什么往地上掉而不往天上飞”的原因，并提出万有引力理论对之进行解释，在当时这一理论有什么实用价值吗？当时的生产实践需要牛顿探索这一问题吗？这一理论对发展社会生产力或对发展社会经济有任何影响吗？回答是，都没有！那么，牛顿孜孜不倦地研究探索这一问题究竟是为什么呢？唯一的答案是：牛顿研究探索这一问题是由其价值观所决定的，他认为探索这一问题非常有价值、有意义，因为它满足了人们的求知欲和好奇心，尤其是它揭示了自然界的奥秘，找到了令人满意的“因果说明”，从而使人类摆脱了对这一自然现象的愚昧无知和恐惧心理。

---

① 丹皮尔：《科学史》，李珩译，商务印书馆，1975年，第60页。
② 亚里士多德：《形而上学》，吴寿彭译，商务印书馆，1959年，第118页。
③ 罗素：《西方哲学史》（上卷），何兆武，等译，商务印书馆，1976年，第271页。

同样,惠更斯孜孜不倦地研究光的本性究竟是什么,并提出光的“波动说”对之进行解释;孟德尔“不务正业”地进行豌豆杂交遗传实验,探索生物遗传规律,并发现了生物遗传现象的两个重要定律,从而奠定了生物遗传学基础;拉瓦锡为了弄清楚燃烧的本质,做了一系列实验,并提出了“氧化学说”对燃烧现象进行解释;达尔文几乎花了毕生的精力研究生物物种的进化现象,并提出了生物进化理论;麦克斯韦热衷于把电磁现象之间的关系用抽象的数学来进行表达,他不仅把电磁学的有关定律和相互关系都概括在一组优美的方程式中,而且预言了电磁波的存在;等等。请问:所有这些科学家的研究探索活动在当时有何实用价值?与当时的生产实践有什么关系?或者说,是因为生产实践或技术创新中遇到了什么难题,需要他们的研究来加以解决吗?从实际情况看,他们的这些科学研究活动及他们提出的理论或发现的自然规律,在当时真的变成了社会生产力了吗?推动社会经济的发展了吗?都没有!因此说,西方科学家研究探索自然现象背后的原因,揭示自然界的奥秘的唯一目的就是为了求知、驱除愚昧和消除恐惧心理,并没有任何实用的考虑。

所以,我们中国人把科学研究或认识自然界的活动看作是为了更好地改造和利用自然界,看作是为了推动生产力或经济的发展,其实是对(西方)科学的误解。科学史家丹皮尔说得很清楚:“不幸,科学主要是为了发展经济的观念,传播到许多别的国家,科学研究的自由又遭到危险。科学主要是追求纯粹知识的自由研究活动。如果实际的利益随之而来,那是副产品,纵然它们是由于政府资助而获得发现。如果自由的、纯粹的科学遭到忽略,应用科学迟早也会枯萎而死的。”①在这里,丹皮尔把科学研究看作是追求“纯粹知识”的活动,而把科学能够变为技术,从而成为发展经济的推动力仅仅看作是科学的“副产品”,这难道不值得我们进行深刻反思吗?

必须强调指出或必须搞清楚的是,西方科学的研究探索活动是由西方人的价值观所决定的,没有什么实用目的,但西方科学作为人类认识自然界的成果,完全可以成为技术发明或技术创造的理论基础。事实上,西方近代技术正是在近代科学理论的指导下诞生的。可想而知,如果没有电磁感应原理、楞次定律和欧姆定律,就绝无可能诞生电气技术;如果没有近代化学理论的诞生,就不可能有现代化工技术;如果没有普朗克、玻尔、海森堡、狄拉克等人建立起的量子力学,今天的微纳米技术、微电子技术、激光技术就无从谈起。所以,我们可以

---

① 丹皮尔:《科学史》,李珩译,商务印书馆,1975 年,第 634 页。

用一句话来概括科学与技术或对自然界的认识与对自然界的改造和利用(生产实践)之间的关系:科学是人类关于自然界的知识,技术仅仅是对这些知识的应用。

但必须再次提醒的是,科学家在进行科学研究活动时是不考虑任何实用目的的,也不可能预测到他们自己的成果会导致什么新技术的诞生,他们的研究活动仅仅是为了求知或揭示自然界的奥秘。可以说,牛顿研究并提出万有引力理论,他绝对没有想到做这件事是为未来300年人造卫星的上天提供理论根据;法拉第花11年工夫研究磁转化为电的方法,绝不是想为我们人类今天能够用上电提供理论指南;麦克斯韦把有关电磁现象之间的关系抽象为电磁场理论,并预言电磁波的存在,他绝对不是为了我们今天能够用上手机;普朗克、玻尔、海森堡、狄拉克等人也绝不是为了今天的微纳米技术、微电子技术、激光技术和量子计算机才创立和研究量子力学的;等等。在科学家自己看来,科学研究活动的这些理论成果变成了技术发明或技术创造的理论基础或指南,从而推动了生产力或经济的发展,只是科学的“副产品”,而科学的“正产品”仅仅是为了达到人类求知、驱除愚昧和消除恐惧心理的目的。

总之,科学研究作为认识自然界、揭示自然界奥秘的探索活动,是由人们的价值观所决定的,并没有什么实用目的,甚至是鄙视实用目的的。推动科学发展的唯一动力是人们的求知欲和好奇心,与实用目的或社会生产实践几乎没有任何关系。科学理论作为认识自然界的成果确实是新技术诞生或技术发明、技术创造的理论基础或指南,没有科学的突破,技术创新就是空中楼阁。然而,科学作为技术的先导,作为新技术诞生的理论基础,仅仅是科学的“副产品”。科学家在进行科学研究时,根本不考虑任何实用目的,考虑实用目的的研究仅仅是技术研究,而技术研究与科学研究根本不是一回事。

所以说,科学创新是技术创新的前提,当新的科学知识被“创造”或“制造”出来后,技术创新就成为必然,就是水到渠成的事。所以,科学创新比技术创新更重要、更基本——没有知识的诞生,哪来知识的应用?而科学创新活动是由人们的价值观所决定的。比如,在清朝康熙年间,中国绝对没有任何一个进士或其他任何人会对“苹果为什么往地下掉而不往天上飞”感到惊异而对之加以研究;在清朝道光年间,中国绝对不会有任何读书人或知识分子对“磁如何转化为电”感兴趣而花11年时间对之进行不懈探索;在清朝咸丰年间,中国绝对没有任何一个佛教的方丈或道教的道长会对“植物的遗传规律”感兴趣而花工夫进行研究。这是价值观使然。中国人的价值观认为,学习四书五经、会吟诗填词、擅长书法或精通棋琴书画，才是最有价值的事，才值得文人雅士去做；而探索自然现象背后的原因则是毫无意义、毫无价值的事。所以说，中国科学技术创新能力差的必然性其实是价值观或文化基因使然。

通过以上分析我们可以清楚地知道，一个国家的经济发展水平或综合国力如何主要取决于其技术水平和技术创新能力，而技术水平或技术创新能力则取决于其科学创新能力，科学水平和科学创新能力又取决于其哲学思想或文化基因，由这一明显的单向因果链我们不难得出这样的结论：国家的兴盛与否最终的决定因素其实是文化基因，即人们的思维方式、价值观、宇宙观、信仰信念。

（二）科学发展的模式

马克思主义认为，人类认识自然界的过程是一个无限发展的过程，因此科学作为人类在一定历史阶段认识自然界的成果，也不是一成不变的。列宁曾明确指出："人不能完全把握、反映、描绘全部自然界，它的'直接的整体'，人在创立抽象概念、规律、科学的世界图画等等时，只能永远地接近于这一点。"①

科学的发展主要表现为两种形式：量变和质变。当科学研究中出现了原有理论不能解释的新现象、新事实时，该理论的不足就暴露出来，需要对它进行局部的修正、完善和充实，从而推动它的发展。但是，当原有理论在不断扩展和不断深化的科学研究面前显得无能为力，丝毫不能自圆其说，暴露出根本性的破绽时，试图通过修修补补的方式维持原有理论的存在就成为不可能，这时新理论就会应运而生。科学研究就是这样推动科学不断向前发展的。

以上从科学理论本身和科学研究的关系方面揭示了科学发展的图景，为了进一步开阔读者的视野，这里简要介绍当代西方科学哲学中关于科学发展几种主要模式。

1. 实证主义的科学发展模式

实证主义认为，科学理论是经验事实逻辑化的命题系统，它由两类性质不同的命题组成：一类是逻辑数学命题，即分析命题；一类是经验科学命题，即综合命题。分析命题是有关概念和命题之间的逻辑关系的陈述，如 A 等于 B，B 等于 C，则 A 必等于 C 等。综合命题是有关经验事实的陈述，如，"这朵花是红的""那只乌鸦是黑的"等。分析命题具有逻辑意义，综合命题具有经验意义。因此，凡不属于这两类的命题都是无意义的，都应从科学中清除出去。

一般来说，分析命题作为一种逻辑规则是永远正确的，因此实证主义就把

---

① 列宁：《哲学笔记》，人民出版社，1974 年，第 194 页。

科学发展的本质看作是人类经验范围的扩大和精确度的提高。以此为基础,实证主义认为科学发展的形式主要有两种:

第一种是继续确证的理论扩展到更大范围。许多科学理论在原来范围内得到确证,并同时扩展到更大的适用范围。这是因为,一旦一个理论得到了很高的确证度,就不可能被否证;而且一旦某一理论得到大家的公认,那么就会有人把它的适用范围加以推广。例如人们把宏观物质(如水)的波动理论扩展到解释声和光的现象上;把关于气体构成的原子理论扩展到液体和固体范围等。

第二种是不同理论被容纳到更全面的理论之中。许多不同的、不可比的科学理论都有很高的确证度,都被包容到某种内容更广或更全面的科学理论中。例如,碰撞定律、落体定律、开普勒定律被包容到牛顿力学中;光的微粒说和波动说被包容到光的波粒二象性理论中等。

由此可见,实证主义的这种科学发展模式可以概括为:如果某一理论得到高度确证,它就得到承认,并且继续得到承认,这样它就被扩展到更广的范围(第一种形式),或者得到确证的理论合并到更全面的理论之中(第二种形式)。所以说,科学是通过合并向前发展的,这种观点又叫作科学发展的中国套箱观。箱子代表理论,科学的发展好比大箱子套在小箱子外面,套箱越来越大,而且原来的箱子并不废弃。因此,科学是一种积累的事业,以前的成就随着新成就的获得而扩展和增大。

2. 波普尔证伪主义的科学发展模式

波普尔的证伪主义在当代西方科学哲学中可以说是独树一帜的。波普尔坚持认为,科学理论不可能被经验所证实,只能被证伪。为什么呢?因为自然定律是一种全称陈述,其应用事件是无限多的,而人类所进行的检验始终只能做有限次数的观察,有限当然不能证明无限。但是自然定律却可以被证伪,因为人们只要观察到一个实例与由理论推导出来的陈述相冲突、相矛盾,那么该理论就被证伪了。因此,波普尔就把可证伪性看作是划分科学与非科学的标准:即一个陈述如果是可证伪的,就是科学的;反之,如果是不可证伪的,那么就是非科学的。不过,波普尔所说的“可证伪”,是指逻辑上的可证伪,并非指事实上的可证伪。这意味着,一个逻辑上有可能被证伪的命题或理论,就是一个科学的命题或理论。至于它是否已经被经验所证伪,那是无关紧要的。

波普尔站在证伪主义立场上,坚决反对科学定律来自于对经验的归纳、科学始于观察的观点。他认为培根关于“科学开始于观察”的观点是一种方法论的神话。在他看来，科学开始于问题，因为只有当问题存在时，人们才会观察，才会进行有意义的观察。他还认为，任何科学理论都是大胆猜测或暂时性的假设，其最终命运必然是被经验证伪或否定。

在此基础上，波普尔提出了著名的科学发展模式：$P_1 \rightarrow TT \rightarrow EE \rightarrow P_2$。即科学从问题 P_1 开始，经过试探性理论 TT，又经过批判性检验，排除错误 EE，提出新的问题 P_2。四个环节循环往复，推动科学不断前进。

波普尔把问题 P_1 作为科学发展的始点和动力，那么什么是问题呢？他认为问题就是矛盾和不一致。第一是新的观察和旧理论的不一致；第二是理论与理论之间的不一致；第三是同一理论内部的不一致。针对这些不一致或问题，人们就要进行猜测，尝试做出种种解答，于是就有了理论。在各种试探性的理论 TT 提出之后，首先要进行前验评价，其内容是：看理论内部是否逻辑自洽；理论是否具有经验性质，即是否具有可证伪性；在可证伪但尚未被证伪的理论中，哪一个可证伪度更高。在前验评价的基础上还要对试探性理论进行后验评价，这就是消除错误 EE 的过程。这一过程分为两步：第一步，淘汰被证伪的理论，保留得到确证的理论；第二步，在所有被确证的理论中，选择出可证伪度最高的理论。随着人们科学认识活动的发展，该理论又可能遇到新问题 P_2。

不难看出，波普尔把科学理论的发展或更替看作是一种证伪过程。因为科学本质上就是一种假设，所以人们应当“大胆尝试”，尽可能多地提出各种试探性理论来，但是人们又不能盲目崇拜理论，相反，要努力寻找理论中的错误以证伪它。因此，波普尔把科学活动看作是人们的“试错”活动，而科学的发展就是通过不断提出尝试性猜测，并不断消除猜测中的错误来实现的。

3．库恩“范式”理论的科学发展模式

库恩是西方科学哲学历史主义学派的最著名的代表人物。要理解科恩的科学发展观，首先就要弄清楚他的“范式”理论。

在库恩看来，“范式”并不是认识论意义上的知识体系，即它并不是科学共同体认识世界的结果，而仅仅是科学共同体在心理上的共同信念。他认为，在一定历史时期，科学共同体的成员由于接受了共同的教育和训练，以共同的基本理论、观点和方法取得了相当的成就，从而在心理上产生了一种共同的信念，认为这种基本理论、观点和方法是该学科解决一切疑难的钥匙，从而成了该学科的范式。科学范式作为特定的科学共同体从事某一类科学活动所必须遵循的公认的“模型”，包含四方面的内容：第一，范式是一定时期内科学共同体“看问题的方式”，包括共有的世界观、方法论、信仰和价值标准。第二，范式是科学共同体一致接受的专业学科的基本理论和取得的重大科学成就,包括可以进行逻辑和数学演算的符号概括系统。第三,科学共同体拥有的仪器设备和使用方法。第四,科学范式所具有的自己的范例。由此可见,库恩的科学范式是多因素多层次内容构成的整体,它不仅仅是一种理论,而且还包括与理论密切相关的各种哲学信仰、价值标准、研究方法、实验仪器等。用库恩自己的话说,范式是所有这些东西的"分解不开的混合物"。

在上述范式理论的基础上,库恩提出了他的科学发展模式:前科学→常规科学(形成范式)→反常→危机→科学革命(新范式战胜旧范式)→新的常规科学。

库恩根据科学史的研究,把科学的"早期发展阶段"或"初级阶段"称为前科学阶段或原始科学阶段。前科学的特点是,从事同类学科研究的科学工作者形成许多学派,对共同研究的问题基本观点不一致,经常争论,相互批评和竞争,没有大家都能接受的公认理论,即还没有形成该学科的范式。然而随着科学活动的深入,其中的某一理论由于得到越来越多的科学实验的支持和取得重大成功,因而为该学科越来越多的成员所赞同,这样就出现了公认的范式,并靠着共同信仰的范式把大家统一为一个科学共同体。范式的产生是一门科学达到成熟的标志,这种成熟的科学就是常规科学。在常规科学时期,由于科学家盲目拜倒在范式的权威之下,只能教条地墨守范式,因而它"常常压制重大革新","严格限制科学家们的视野"。但是,在科学研究中有时会出现同现有范式不一致的"意料之外的新现象",这就是所谓的反常。一开始,科学共同体对反常采取了一种视而不见的态度,或通过增加、修改辅助性假设来消化反常,以保护范式不受怀疑。但是随着反常现象越来越多,越来越频繁,试图采取不予理睬的态度或修补原有范式的方法已无济于事,于是就引起了危机。这种危机就是常规科学的危机,或原有范式的危机。随着危机的日益加深,科学共同体中许多思想活跃的成员对原有范式逐渐失去信心,他们越来越迫切地主张抛弃旧范式,另建新范式。因此,这种危机给科学家注入了批判精神和创造精神。正如库恩自己所说:"首先由于危机,才有新的创造。"[①]在这种批判精神和创造精神的鼓舞下,越来越多的科学家站出来勇敢地批判旧范式,创建新范式。这样,常规科学的时代算是结束了,科学革命时代,即新范式取代旧范式的时代开始了。随着新的科学范式的完全建立,科学发展又进入了一个新的周期。

---

① 库恩:《科学革命的结构》,上海科技出版社,1980年,第76页。

以上简单介绍了当代西方科学哲学三个主要流派对科学发展所持的观点。由于篇幅所限,不可能把当代西方科学哲学所有流派关于科学发展的模式做全面介绍。对这方面感兴趣的读者,可参阅其他有关文献。

二、技术发展的动力及模式

(一) 技术发展的动力

人通过实践活动认识和改造自然,科学是人认识自然的手段,技术则是人改造自然的方法和工具。技术意味着人对自然有目的地改造,体现了人的主观能动性,是人的社会实践的表现。人由于自身的限制,很大程度上不能直接作用于客观物质对象,所以,技术的本质是人与客观物质世界联系的中介。但是,没有人对客观规律的认识,没有科学理论和认识作为基础,技术也无法得以存在。技术是人作用于自然的活动,离不开自然的基础;同时,技术又是人的社会行为,是为人的一定目的服务的,是社会活动的一部分。所以,技术的自然属性和社会属性决定了它的发展是科学推力与社会引力合力推动的结果。

1. 科学推力

“技术作为人体外化和自然人化的综合作用的产物,之所以能够实现,在现代意义上说,是因为它必须以科学所揭示的自然规律为基础。”[①]技术的自然属性决定技术发展的动力是对客观规律科学认识的深入。技术与科学的发展同样经历了从低级到高级,从简单到复杂的发展路径,两者的关系日益密切,相互依赖。人类实践活动早期,科学与技术之间的关系并不密切,所以马克思认为技术的“进步只是由于世世代代的经验的大量积累”[②]。但是19世纪以来,现代技术活动总是受到科学的影响,仅依靠经验和个人的技能根本不能从事复杂的技术实践活动。科学革命导致技术革命,科学为技术的发展提供了内在的科学依据和原理。历史表明,一定时期内的技术发展只能在当时科学背景规定的技术内容、技术水平和技术方向上进行展开和深化。比如三次技术革命分别以牛顿经典力学和热学、电磁学、现代复杂科学为科学基础;核裂变原理促使核技术的产生和应用。技术的发展以科学为推力的同时,科学的发展也需要技术的应用,比如射电望远镜的技术实现产生了射电天文学。

---

① 刘则渊,王海山:《论技术发展模式》,《科学学研究》,1985年第4期。

② 马克思:《机器、自然力和科学的应用》,人民出版社,1978年,第59页。

2. 社会引力

人自从自然中分化出以来，不断地通过实践活动来认识和改造自然，其根本目的是满足自身物质和精神生活的需要，技术则是实现人的目的的手段，所以，任何技术都是源于人的物质生产和社会生活需要。辩证唯物主义认为，人和社会是统一的，人的需要的集中体现就是社会的需要，社会的需要本质上就是人的需要。这种不断增长的物质精神需要，促使人对技术行为的要求越来越高，这种社会需求一旦形成，对技术的进步和发展就会产生强烈的牵引力。恩格斯指出："社会一旦有技术上的需要，这种需要就会比十所大学更能把科学推向前进。"①

社会对技术进步的引力不仅表现在社会需求与技术发展水平的矛盾上，同时也表现在对技术发展的社会支撑上。技术是人们为了物质生产和社会生活而开发利用的工具和手段，因此它总是作为存在于一定社会关系和经济关系中的一个实在要素而同广阔的社会需要密切地联系着。脱离了社会，技术就失去了其存在的意义，社会为技术的进步提供社会存在条件，良好的社会环境和经济结构对技术的进步起到促进和牵引作用；落后和不稳定的社会系统对技术的进步起到限制和阻碍的作用。

（二）技术发展模式

技术发展模式的研究是技术哲学中对技术认识论的研究，对技术发展从多层次、多角度建立多种模式的研究和探讨，有利于揭示技术发展的规律和趋势。

1. 连锁模式

技术在受科学和社会影响的同时，自身也具有相对独立的体系和系统。技术分为宏观技术与微观技术。微观技术是个体技术，是能够以独立形态存在的一项技术，也称为单元技术。宏观技术是技术体系，密切相关联的各单元技术所构成的整个技术体系被叫作群体技术。因此，对于技术的发展模式，我们应该从微观和宏观两个方面分别进行探讨。

无论是单元技术还是群体技术，都是人类有目的地改造自然的中介，是人类实践活动手段和方法的总和。从某种程度上讲，技术等于人生产劳动的手段。单元技术主要体现在个体实践活动中，其发展是个体技术的进步；群体技术主要体现在人类群体实践活动中，包括整个社会活动，其发展是技术体系的变革。

单元技术作为个人劳动手段，经历了由低级到高级，由简单到复杂的进化过程：从人类劳动最初的工具的制作，到简单的机械工具，再到规模生产的机

---

① 中共中央马克思、恩格斯、列宁、斯大林著作编译局：《马克思恩格斯文集》（第10卷），人民出版社，2009年，第668页。

器，从由人工操作的机械，到半自动化的机器，再到信息化控制的全自动机器人工厂。单元技术的发展也必然带动群体技术的进步。工具的不断进化，促使材料冶金技术、加工技术的飞速发展；自动化机器的发展，又催生传输系统和信息技术的进步。社会的群体技术就形成了庞大的社会生产系统，单元技术的内在微观结构扩展为群体技术的宏观结构，也就是社会的技术体系。不同的单元技术相互联系，构成整个社会的技术体系。作为一个技术系统，其内在的微观单元技术的变化，在技术体系中会引起其他单元技术的变化，造成一种技术发展的连锁模式。近代的三次技术革命是技术发展连锁模式的典型代表。

如图 2-1 所示，技术发展史上的几次技术变革表现出材料技术、能源技术、

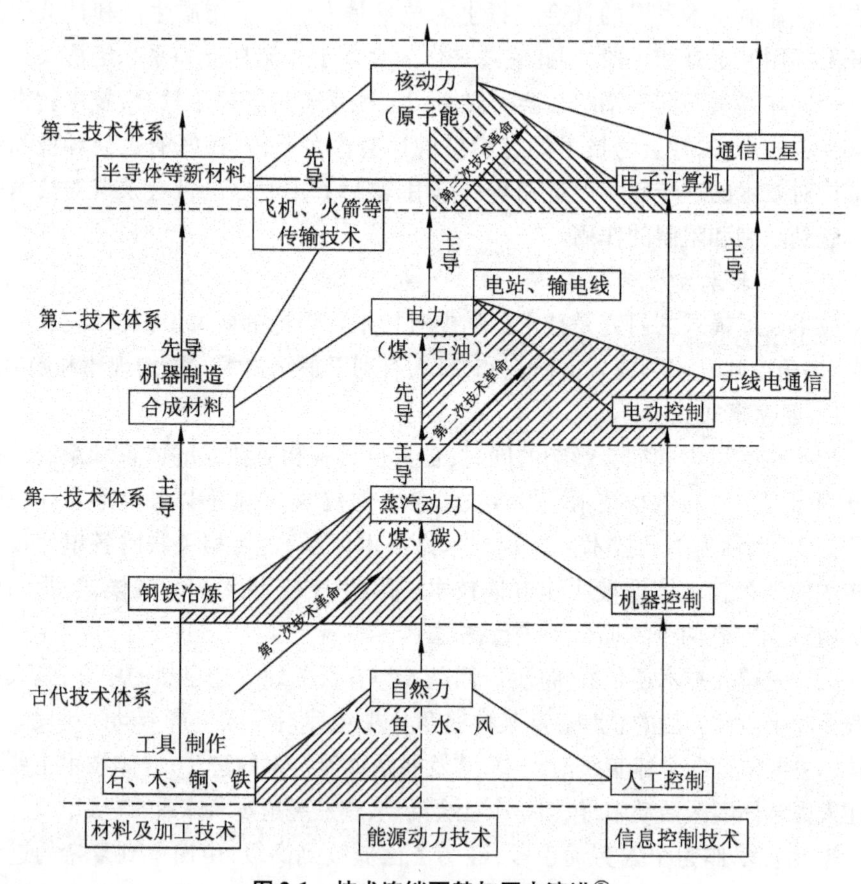

图 2-1　技术连锁更替与历史演进①

① 刘则渊，王海山：《论技术发展模式》，《科学学研究》，1985 年第 4 期。

信息技术的相互交叉和交替演进。从纵向看,各条线的单元技术按照自身的发展规律交替演进;从横向上看,这些单元技术又构成相互交叉关联的技术体系。任意一个单元技术的交替演进,都会打破其横向上的技术体系的平衡,促使整个体系以某一单元技术变革为技术先导,进行整个技术体系连锁式的演化和发展。

2．进化模式

作为劳动手段的单元技术,其演化历程表现为从低级到高级,从简单到复杂,从简单的手工工具到现代的全自动机器系统。那么单元技术的这种演化是怎样发生和发展的呢？这需要通过“人—技术—自然”的相互关系和作用来考察。

在“人—技术—自然”这个系统中,技术作为中介,将人和自然联系在一起,是人的自然化和自然的人化的媒介。在人与自然相互作用的最初阶段,人依靠自身的物质身体来认识和改造自然。这种方式在强有力的自然面前无比微弱。人为了更有效地改造自然,扩大自己对自然的适应能力,原始的手工工具成为人身体器官的外化物质。手工工具的诞生是技术产生的最初萌芽,是人最早的人工自然物,它扩展了人的肢体器官的功能,扩大了人改造客观物质世界的能力。从原始手工工具的诞生来看单元技术的演化之路,不难发现,在人与自然不断的相互作用中,人的器官肢体的不断外化与自然不断的人化导致作为人与自然中介的技术不断地进化。单元技术的这种进化表现在全人的物质外化,包括从人简单的四肢器官功能,到人脑的思维运行方式。工具的制作与使用是人的四肢的一种延伸和扩展;机器系统的产生是人器官整体协作和人与人相互合作的升级拓展;人工智能的发展则是人脑思维的全面物质外化;还包括技术自身按内在逻辑所发展的间接的外化和自然人化的形式。人与技术的关系也从最开始技术消除了人与自然的矛盾关系,到人与技术的矛盾关系(技术的强化使人自身难以控制技术对自然的作用,难以确保这种作用的合目的性),再到人的综合性外化,促使人、机器和自然相协调。总之,由人体外化和自然人化所构成的技术进化结果,归根结底是通过“主体—技术手段—客体”之间的矛盾解决,使“人—技术—自然”之间更加协调地发展。

3．周期模式

对技术的发展的统计研究表明,无论单元技术还是群体技术,其发展路径均呈现出“S 形”进化状态,具有波动性和周期性,如图 2-2 所示。

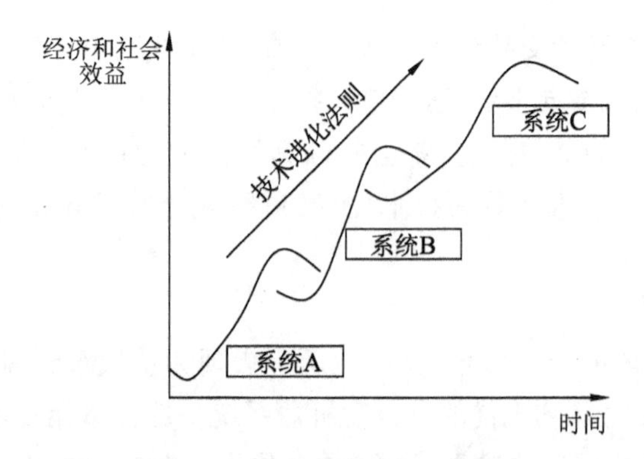

图 2-2　技术系统进化 S 曲线

以单元技术为例，如图 2-2 所示，在作为独立新技术产生的萌芽初期，技术的发展趋于缓慢，甚至不如原来的旧技术，其所产生的经济和社会效益也很微弱；随着时间轴的推移，新技术进入发展期，其功能呈现快速增长状态，产生的效益也大幅提升；然后技术进入成熟期，功能增长幅度放缓，效益仍然急剧增加；随后技术趋于稳定，功能达到饱和状态，效益产生也趋于饱和，这时技术已不能满足社会日益增长的需要，经济社会效益下降，该单元技术呈现衰落态势，开始逐渐被新的技术取代。按照单元技术和群体技术变化的连锁模式，先导技术的周期性演化造成群体技术也呈现"S 形"的形成、发展、成熟、稳定、衰落解体的生命周期变化，旧的技术体系被新的技术体系代替。

技术的"S 形"周期进化主要是以时间为横向轴的横向演进。但也需要认识到，在单独的一个技术体系演进阶段，技术并不是完全独立演化的，作为具有自然属性和社会属性的技术必然受到其他因素的影响和作用，技术与科学因素、社会因素互相作用，互为因果，形成复杂的因果链条。通过分析近代英、法、德三国科学与技术的发展状况，发现这三个国家都是按照"哲学高潮—社会革命—科学革命—工业革命"的顺序模式迭次发展的；同时，从近代史上科学、技术、经济三者的波动周期来看，三者都是以"学科—技术—经济"的顺序模式迭次演进的。所以，在单独的技术体系的演进历史周期阶段内，单元技术和群体技术与其他相关因素相互促进，按照一定的因果顺序循环运行，前后相继，迭次高涨，呈现出一种以技术演进"S 线"为中轴的螺旋环绕的横向演化形态。

4．总体模式

技术发展的总体模式，是综合上述不同侧面的发展模式内涵，用技术规范和技术实践的矛盾运动来阐述的一种演进模式。

技术规范是类比库恩关于科学革命的结构模式所提出的科学规范概念而

引入的技术概念。它是指“一定技术时代工程技术界受到成功的某种典型技术的示范作用所形成的开发技术的知识、经验、方式和规定的总和”。显然，技术规范不同于某种技术手段的理论基础的一般技术原理。它当然包含着技术本身的基本原理，但也包含着技术本身的工艺规程、操作技能及其他经验和方法等诸方面的知识，同时还包含着自然科学所揭示的自然规律方面的基础性知识，包含着制约和影响技术发展方向的社会规律性方面的社会科学知识、社会心理、社会技术等知识。① 技术规范包含了科学因素、社会因素和自身内在因素。技术实践指技术原理物化技术手段的过程，也指技术的实践过程，同时也是技术相互转移的实践过程。“技术规范制约和规定着技术实践的方向、途径和方式，而技术实践反过来又起到实现、检验和发展技术规范的作用。”

以技术发展的“S 形”模型为例，用技术范式和技术实践的概念来描述技术发展，对技术发展的总体模式做一剖析。

如图 2-3 所示，技术呈现 S 曲线的演进态势。在新技术的萌芽期，技术规范开始萌芽；在技术发展期，技术规范建立与发展，人依据规范进行技术实践，以先导技术为起点，新的技术规范向其他技术领域转移并扩展，新的技术规范的技术体系得以发展；在技术成熟期，技术规范得到进一步的完善，技术的发展达到巅峰；在技术稳定期，技术规范得以稳定，逐渐从物质生产领域扩散到人的社会生活领域，成为人的一种生活方式和思维模式；在技术衰退期，技术已不能满足社会的需求，技术的范式也在客观上需要突破。至此，新的技术开始酝酿产生，原有技术体系衰落瓦解，新的技术范式得以萌芽、发展，新的技术体系开始形成，新的技术实践得以进行。这就是以技术范式和技术实践为视角的技术发展的总体模式。

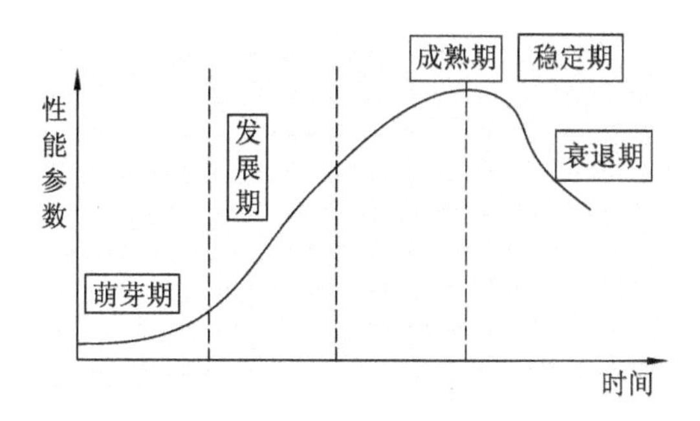

图 2-3　技术进化 S 曲线

① 刘则渊，王海山：《论技术发展模式》，《科学学研究》，1985 年第 4 期。

需要注意的是，技术范式的更替不仅仅是由于旧的技术范式的衰落，科学的重大发展是更为重要的一个原因。科学的重大发现提供了新的技术原理，促进技术范式的新旧更替。科学的突破往往是由于技术实践的深入和范围的扩张。技术革命的机制是，由于新技术规范的萌生，展示了新的技术实践领域，增添了新的技术实践内容，并引起了原来在技术体系中居主导地位的技术规范和新技术规范之间的连锁反应和不平衡性，这样，随着新技术规范中的技术原理物化成新的技术手段及按新的技术规范不断进行新的技术实践，便引起了原有技术体系向新的技术体系的革命性变革。

第三章　科学技术方法论

科学技术方法论是对科学方法、技术方法的总结概括。科学技术史表明，科学技术方法对科学技术的发展起着关键性作用。一方面，科学技术方法的创新往往会促成科学技术的重大发现和发明，推动科学技术的发展；另一方面，随着科学技术的发展，也促进了科学技术方法的创新和变革。因此，科学技术方法论和科学技术总是相互促进的。这种相互促进作用在科学技术迅猛发展的今天，表现得尤为明显。此外，科学技术方法论作为哲学思想的延伸，也充分显示了哲学对科学技术的决定性影响。

第一节　科学技术方法概述

人们做任何事情都会涉及方法问题。烧饭做菜,有烹调方法;思考问题,有思想方法;从事管理,有管理方法;同样,进行科学技术研究,也有科学技术方法。实际上,人们做任何一件事都是在完成一项既定的任务,那么如何才能顺利地完成或更有效地(即花尽可能少的时间和精力)完成一项任务呢?很显然,这时方法就显得非常重要。方法不当,事倍功半,甚至致使最终完不成任务;而方法得当,就可以达到事半功倍的效果。这就意味着,在科学技术研究中,如何根据实际情况运用不同的科学技术方法,对科学技术工作者能否获得成功,是至关重要的,这也是我们要讨论科学技术方法与科学技术之间关系的一个主要理由。

一、科学技术方法的含义及分类

所谓科学技术方法,就是人们有效地探索自然、改造和利用自然的手段、途径、程序和技巧。在科学技术研究中,人们总要运用一定的方法,遵循一定的原则和步骤才能获得一定的认知和成功。因此,我们也可以把科学技术方法看成是研究人类如何才能更好、更有效地认识和改造自然的科学。

科学技术方法的实质就在于,它是人类为了更有效地探索自然界和改造自然界而采用的一种工具或手段,任何科研活动都离不开这种工具或手段。从这个意义上讲,科学技术方法本身也是科研活动的一部分。按其适用范围我们可以把科学技术方法分为三类或三个层次:第一层次的适用范围最广,普遍性程度最高,这些方法不仅适用于自然科学,也适用于社会科学,像分析与综合相统一的方法、抽象与具体相统一的方法、归纳和演绎相统一的方法、比较方法等都属此列;第二层次是绝大多数科学和技术学科都适用的方法,如观察方法、实验方法、数学方法、假说方法等;第三层次的适用范围最窄,普遍性程度最低,它们一般情况下仅适用于一门学科,属于各学科特殊的研究方法,如物理学中的粒子示踪法、化学中的滴定法、生物学中的同位素示踪法等。

实践证明,科学技术方法的这三个层次并不是孤立的,而是处在紧密联系之中,它们之间既相互区别,又相互渗透、相互融合,并在一定条件下相互转化。像分析与综合方法、比较方法、归纳和演绎方法这些属于第一层次的方法与属于第二层次的方法之间就没有泾渭分明的界限;而第二层次的不少方法在科学史上都是从先前各学科的特殊方法转化而来的。在实际的科研活动中,科学工作者通常都在巧妙地综合运用这些方法。

由于各学科的特殊方法适用范围很窄,没有普遍意义,因此我们不对它们进行研究,而是把重点放在讨论对科研活动具有普遍意义的科学技术方法上。

二、科学技术方法在科研活动中的地位和作用

科学技术方法作为科学技术工作者进行科研活动的工具或手段,作为科研活动的一部分,它的地位和作用主要表现在三个方面:

第一,它帮助科研工作者顺利完成科研任务。中国有句古话,叫作"工欲善其事,必先利其器"。这里的"器"就是做事的工具、手段或方法。毛泽东同志曾经说过:"我们不但要提出任务,而且要解决完成任务的方法问题。我们的任务是过河,但没有桥或没有船就不能过。不解决桥或船的问题,过河就是一句空话。"①这一比喻非常形象地说明了科学方法对科学工作者完成科研任务的重要性。我们做任何事情都要借助某种方法,进行科研活动当然也不例外。每个科学工作者都切身体会到,离开实验、观察、分析、类比、数学、归纳等方法,任何科研活动都将寸步难行。比如,要想搞清楚某种疾病的发病原因以便对症下药,医学工作者就必须对这类患者的发病症状进行观察和分析,并要把它们与其他病症进行比较等;要想搞清楚某一气体在温度不变的情况下,其压强与体积之间的关系,研究者就必须运用实验、归纳、数学方法。因此,可以毫不夸张地说,科研人员能否顺利完成科研任务,获得最终成功,在很大程度上取决于他们能否巧妙、灵活、适当地运用各种科学方法。

第二,它帮助科研人员做出重大科学发现、科技发明,提出新的科学理论。科学技术方法不仅可以使科研人员顺利完成事先设定好的,与实践密切相关的、具体的研究课题,而且还可以促使科研人员开辟新的科研领域,明确新的研究方向。

科学研究是一种探索未知世界的活动,它的最大特点就是人们事先不知道所寻找的答案究竟是否存在。这就要求科研人员必须能够设计和运用与所研究的问题相适应的方法,以找到最后的答案;如果方法不当,不仅不能有所发现,有所发明,有所创造,甚至还会使研究活动误入歧途,从而阻碍科学的进步。

---

① 毛泽东:《毛泽东选集》(第1卷),人民出版社,1966年,第125页。

翻开科学史，人们不难发现，伽利略正是由于设计运用了斜面实验方法，才发现了自由落体定律和惯性定律；施莱登、施旺正是由于利用显微镜进行观察，才发现了细胞，并建立了细胞学说；麦克斯韦正是由于运用了数学方法，把法拉第的电磁场理论转译成数学语言，才预言了电磁波的存在，从而把电磁学向前大大地推进了一步；德布罗依正是由于运用了类比方法，才提出了物质波假说；这样的例子举不胜举。

第三，新的科学技术方法的诞生及其发展可以促进新的分支学科和交叉学科的诞生。由于科学技术方法和科研活动的密不可分性，因此我们在很大程度上可以把科学技术方法本身看作科研的一部分。从实际情况看，新的科学技术方法的诞生不仅可以大大提高科研活动的有效性和成功的概率，而且还可以渗透到、融合到具体的学科内容中，与之结合在一起，形成新的学科门类。近代科学技术的诞生和迅猛发展除了其他的社会因素外，研究方法的创新和发展也是一个非常重要的因素。事实上，文艺复兴以后西方近代科学之所以能够顺利地从古希腊自然哲学中脱离出来，走上独立发展的道路，其主要原因就是从伽利略开始创立了系统的实验方法。同样，非欧几何的诞生应当归功于纯演绎方法的运用；而近代生物分类学的诞生则完全是比较、类比、归纳方法的胜利。进入20世纪以来，科学方法与科学相结合产生了众多的交叉学科，如分析化学、计算物理学、仿生学就是其典型例子。

此外，科学技术方法也是连接哲学与科学技术的中介或桥梁，它可以把哲学对科研活动的指导具体化、操作化。因此可以说，没有科学技术方法，就没有科学技术，就没有科学技术的发展；科学技术方法和科学技术是密不可分的。

三、科学技术方法的发展与科学技术的发展：比翼双飞

20世纪以来，现代科学技术的发展呈现出一系列新的特点。其一，科学技术一方面高度分化，学科门类愈分愈细，愈分愈专，研究层次愈来愈深，愈来愈复杂；另一方面又高度综合，形成了许多边缘学科和横断学科。其二，科学和技术相互渗透、相互促进的现象日益明显，逐渐形成了所谓的技术科学化、科学技术化趋势。其三，加速发展的趋势越来越明显，这主要表现在：第一，科研成果急剧增加，知识总量翻番所需的时间越来越短；第二，科学变为技术的周期越来越短，科学物化的速度不断加快。现代科学技术的加速发展及其新特点必然导致科学技术方法的变革，这些变革主要表现在以下几个方面：

首先，传统方法得到了进一步发展。大功率望远镜的使用使人们可以看到

更遥远的宇宙;高倍电子显微镜的使用使人们可以看到更微小的物体;声呐仪器的使用使人们可以“听”到人类凭本能不能听到的声音;夜视仪的使用使人们可以看到黑夜中动物的活动情况;红外探测仪的使用使人们可以凭温度看到物体;等等。传统的观察方法在技术的推动下焕发出了新的活力,为人类开辟出了新的观察领域,从而使人类能够获得更多、更广、更精确、更系统、更可靠的科学事实。实验方法在技术的推动下也“旧貌换新颜”。当今的实验设备都是技术的结晶,实验本身也成了一门技术——实验技术。今天,作为一种科学技术方法的实验与技术已逐渐融为一体,这使得现代的实验更能适应科学研究的需要。尤其重要的是,由于运用了计算机技术,实验方法更是如虎添翼。借助计算机技术,人们不仅可以模拟实验过程以代替部分无法进行的实际实验,降低实验费用和实验的复杂程度,而且还可以对实际实验的过程进行优化设计,对巨量的实验数据进行处理,从而使实验更快捷、更准确。其他诸如比较、归纳、分析等方法在计算机技术的推动下,也获得了进一步发展。

其次,科学技术方法综合运用的趋势日益明显。由于当今科学技术所要解决的课题通常都非常艰深、非常复杂,涉及的各种科学事实的类型也非常繁多,综合性课题更是如此。这就决定了在对有关科学事实进行整理加工时,单靠一两种科学技术方法是远远不够的,要综合运用多种不同的科学技术方法。所以,在一个复杂的课题中,不仅要运用实验、观察、归纳、比较、分析方法,还要运用演绎、类比、数学方法,有时甚至要借助直觉、想象等非理性主义方法。因此作为一名科学技术工作者,必须有意识地系统学习科学技术方法,使自己能够熟练掌握和灵活运用各种不同的科学技术方法,否则单凭经验,单凭在实践中学习和运用科学技术方法是远远不够的。

再次,新的科学技术方法不断诞生。20 世纪以来,尤其是第二次世界大战以来,陆续涌现出了一大批新学科、新理论、新技术,它们中的许多已逐渐演变成新的科学技术方法,如信息方法、控制方法、反馈方法、系统分析方法、系统模型方法、功能模拟方法、黑箱方法等。这些新的科学技术方法的诞生,不仅在理论上丰富和充实了科学方法论体系,更重要的是在实践上使科学技术方法能够适应科学技术迅猛发展的需要,大大地推动了科学技术的进步。可想而知,在今天的科研活动中,如果没有现代科学技术方法的支撑,科学技术的进步就是一句空话,甚至科学研究本身也成为不可能。

总而言之,科学技术方法和科学技术之间是相互促进的,它们相得益彰:一方面,起源于哲学思想的科学技术方法不仅直接促进了近代科学的诞生,而且促进了整个科学技术的发展；另一方面，科学及其技术的发展，也直接促进了科学技术方法的日新月异。

第二节　科学技术的辩证思维方法

一、分析与综合

（一）分析

所谓分析方法，就是把研究对象分解为各个组成部分，然后对其分别加以研究，以达到对事物内部结构和本质的认识的一种思维方法。

分析方法是近代科学发展的必然产物，它在科学发展中做出了巨大贡献。从认识论角度看，人们要认识任何事物，首先就必须搞清楚该事物各组成部分的性质、特点、结构、功能等，因为人们只有在认识了其组成部分的前提下，才能谈得上认识事物的整体。列宁曾明确指出："如果不把不间断的东西隔断，不使活生生的东西简单化、粗糙化，不加以割碎，不使之僵化，那么我们就不能想象、表达、测量、描述运动。"①客观世界中的事物总是复杂、变化并和其他事物紧密联系在一起的，而人们认识事物的过程一般总是由简单到复杂，由局部到整体，由低级到高级，逐渐向纵深发展的，因此分析方法在人们认识事物的初始阶段就可以提供一种非常有效的方法。例如，人们要认识某种物质的化学性质，弄清楚该物质与其他物质相互作用的方式，就必须首先把它分解为分子，再研究其分子的性质；而要弄清楚分子的性质，就必须把它分解为原子；以此类推。

分析方法之所以在近代科学发展的初期非常盛行，其原因就是当时的许多学科正处在搜集资料和对这些资料进行细节研究的阶段，以分析为主的还原主义方法的诞生就充分说明了这一点。分析方法在思维方式上的特点，在于它从事物的整体深入事物的各个组成部分，通过深入地认识事物的各个组成部分来认识事物的内在本质或整体规律。这种思维方式大体上包括三个环节：(1) 把整体加以"解剖"，使其各个部分从整体中"分割"开来或者"分离"出来；(2) 深入分析各个部分的特殊本质、性质、特点、功能等，这是分析方法中最重要的环节；(3) 进一步分析各个部分相互联系、相互作用的情况，阐明它们各居何种地位，各起何种作用，各以何种方式和其他部分发生相互作用。

在自然科学和工程技术中，还存在着一种特殊的分析方法，称为元过程分

---

① 列宁：《哲学笔记》，人民出版社，1974 年，第 283 页。

析法。元过程分析法是从某种物理现象中抽取任意一小部分进行研究的一种方法。通过分析这个局部小单元的各种物理量的关系和变化规律,建立描述整个物理过程的微分方程。有了微分方程,人们不仅可以求出物理过程在某一特定条件下的瞬时状态,而且可以把握整个物理过程运动变化的趋势和特点。元过程分析法是用数学工具研究物理运动的常用方法,它对于认识自然界、解决工程技术问题有极其重要和普遍的意义。

随着科学技术的不断发展,分析方法自身也有了巨大进步。这一进步的主要标志就是在近代分析方法的基础上逐渐分化和衍生出定性分析、定量分析、因果分析、结构分析、功能分析、比较分析、数学分析等多种现代分析方法。

分析方法是近代科学得以产生和发展的一种重要方法,但它由于自身的特点也有其固有的局限性。由于它着眼于对事物的局部进行孤立的研究,因此它虽然可以把人们的认识引向深入,但也容易使人们把本来相互联系的事物做简单化的理解,形成一种孤立地、片面地看问题的观点。正如恩格斯所指出的,"这种做法也给我们留下一种习惯:把自然界的事物和过程孤立起来,撇开广泛的和总的联系去进行考察,因此就不是把它们看做(作)运动的东西,而是看做(作)静止的东西;不是看做(作)本质上变化的东西,而是看做(作)永恒不变的东西;不是看做(作)活的东西,而是看做(作)死的东西。这种考察事物的方法被培根和洛克从自然科学中移到哲学中以后,就造成了最近几个世纪所特有的局限性,即形而上学的思维方式"。[①] 因此,为了克服这些缺点,在分析的同时还要进行综合。

然而,必须强调指出的是,尽管分析方法存在局限性,但它是科学研究必不可少的重要方法之一,甚至(西方)科学的诞生和发展主要是建立在分析方法基础上的。道理很简单,如果没有分析方法,就不可能认识到事物各组成部分的性质和特点,就不可能精确认识到事物各组成部分之间的联系方式,因此也就不可能认识到事物整体的本质和特性。

(二) 综合

所谓综合方法,就是把研究对象的各个部分、各个方面和各种因素联系起来加以研究,从而在整体上认识、把握事物的本质和规律的一种思维方法。

应当指出的是,综合并不是把研究对象的各个部分、各个方面或各种因素简单地累加、拼凑起来,而是按照研究对象各部分间的本质的、固有的联系,在

---

① 恩格斯:《反杜林论》,人民出版社,1970年,第18-19页。

更高的层次上,从整体上把它们有机地整合起来,以达到对事物的全面认识。这也是综合方法的最终目的。

根据系统论的观点,世界上的任何事物都是由相互联系、相互影响、相互作用的要素构成的有机整体,因此事物的整体和部分之间不仅存在加和性关系,更重要的是它们之间存在着非加和性关系。而从实际情况看,事物的性质和特点恰恰主要是由其非加和性关系所决定的。综合方法的优点就在于,它可以使人们看到事物的各个组成部分、各个不同方面之间的相互关系、相互影响和相互作用,从而克服了分析方法给人们带来的那种"只见树木、不见森林",只见孤立的个体、不见它们之间的联系的局限性。

正因为如此,在整理观察实验资料时,综合方法的运用是必不可少的。例如,细胞是生命有机体的基本单位,有些简单的有机体只有一个细胞。为了认识细胞,我们需要分析地考察组成细胞的各个细胞器,考察它的基本成分——蛋白质、核酸等生物大分子的结构和功能。但这些是远远不够的,我们还要在此基础上综合地考察由这些生物大分子所制约的几千种单个化学反应环节如何连接成有序的化学反应的历程,考察这些反应历程如何借助反馈作用而得到精确的自我调节,从而在整体上表现出代谢、生长、繁殖、遗传、变异等生命现象。再如,人们要认识原子,不仅要分析组成原子的各种基本粒子的性质、特点、功能等,还要在此基础上综合考察这些基本粒子是如何组成原子,在原子中是如何相互影响、相互作用的等。当电子发现后,先后出现的汤姆森的葡萄干面包原子模型、卢瑟福的行星原子模型、玻尔的量子化原子模型就是在分析的基础上对原子进行整合的结果。

随着科学技术的发展,综合方法不仅在科学研究中的作用越来越重要,而且综合方法本身也得到了发展。现代科学技术是系统化、整体化的科学技术,学科之间相互渗透、相互交叉,多门学科的综合已成为科学技术发展的主流。无疑,科学技术发展的这一趋势不仅为综合方法的运用提供了广阔的舞台,而且也推动了综合方法自身的发展。在系统论基础上建立起来的所谓系统科学方法和综合评判法就是其典型例子。很显然,综合方法的发展为现代科学技术的进一步综合又提供了强有力的手段。因此,现代科学技术的发展,尤其是一系列横断学科的诞生与综合方法的运用是密不可分的。

(三) 分析与综合的关系

分析和综合作为人们整理科学事实的思维方法,它们之间既相互区别、相互独立,又相互统一。正如恩格斯所指出的,"思维既把相互联系的要素联合为一个统一体，同时也把意识的对象分解为它们的要素，没有分析就没有综合”。[①]具体来看，分析和综合之间的辩证关系可以从以下两方面进行理解。

首先，分析和综合相互依存，相互渗透。一方面，综合必须以分析为基础，没有对事物各个部分、各个方面特性的具体细致的分析，就谈不上什么综合。或者说，没有对事物各个部分、各个方面特性的具体认识，就不可能有对事物整体的认识；另一方面，分析也离不开综合，分析必须以某种综合的成果或对事物的整体性的认识为指导和出发点，否则分析就失去了目标，就会带有盲目性。而且没有综合，认识就是零碎、片段的枝节之见，不能统一为整体，也难以对各个部分、各个方面形成正确的理解。正如医生给患者治病，生理上的疾病也许是局部的，但高明的医生总是把患者当作整体来看待，把这种局部的疾病和病人其他的生理状况联系起来进行综合考虑，而不是只管头痛医头，脚痛医脚。这充分说明，在认识事物的过程中，既不能只靠分析，不要综合，也不能只靠综合，不要分析，必须把分析和综合这两种方法结合起来运用，发挥它们各自的优点，才能达到对事物的较全面的认识。

其次，分析和综合可以相互转化。众所周知，人的认识是一个由现象到本质，由一方面的本质到多方面的本质的不断深化的过程。在这一过程中，从现象到本质的飞跃是以分析为主的。但是人们在达到对事物的本质的认识后，并不意味着认识过程的结束，而是进一步运用这一本质来说明和解释原有的现象，这就是提出假说、建立理论的过程，而这一过程就必须以综合为主。随着人们认识范围的不断扩大和认识层次的不断深入，会出现用原有本质不能说明和解释的新现象，这时人们的认识过程又一次转入分析，以寻找事物的其他方面的本质。人类的认识就是在这种“分析—综合—再分析—再综合”的过程中不断向前发展的。

二、归纳与演绎

（一） 归纳

从观察实验中获得的关于研究对象的有关信息属于感性知识。感性知识是人们对客体表面的、具体的、个别的认识。根据马克思主义的观点，科学属于理性知识，因此我们对客观事物的认识不能仅仅停留在感性认识阶段，必须上升到理性认识。从感性认识上升到理性认识所使用的最基本、最主要的方法就

① 恩格斯：《反杜林论》，人民出版社，1970 年，第 39 页。

是归纳。

所谓归纳,就是从个别或特殊事实中概括或者推演出共同本质或一般原理的思维方法。归纳法按照它的概括对象的范围不同,可分为完全归纳法和不完全归纳法两大类。

完全归纳法是指考察了某类事物或者现象的全部对象后,概括出它们是否具有某一性质的一般性结论的方法。完全归纳法可用符号表示为如下形式:

S_1 是 P

S_2 是 P

……

S_n 是 P($S_1,S_2,\cdots,S_n$ 是 P 中所对应的部分)

所以,凡 S 是 P。

由于完全归纳法是根据某类事物或者现象的全部对象概括出的结论,因此这一结论是确实可靠的,或者说它是没有任何或然性的。如在进行数学证明时,就可借助这种方法(穷举法)。然而,只有当某类事物或现象所包含的对象数目不多时,完全归纳法才能用得上,而在实际的科学研究中,通常某类事物或现象都涉及数量非常多甚至无限多的个体,所以完全归纳法的应用范围就受到很大限制。例如,数学上著名的“四色问题”早在 1840 年就由德国数学家墨比乌斯提出,即在平面或球面上画地图,为了用不同的颜色将邻近的区域区别开来,只要四种颜色就足够了。但是想用完全归纳法证明“四色猜想”,必须穷举一切可能的图像组合。这些不同的组合图形大约有 2 000 多种,用穷举法对其进行证明要做 200 亿次判断,这是人力无法完成的。因此这一问题长期得不到证明,成了数学上的一个难题。直到 1976 年,美国数学家阿佩尔和哈肯才在高速电子计算机上花了约 1 200 个小时,证明了这一结论,使之成为“四色定理”。考虑到完全归纳法的固有局限性,在实际科学研究中,人们使用得更为普遍的是不完全归纳法。

不完全归纳法是指把对已考察过的对象的结论扩展到未被考察过的同类对象,即认为后者也具有与前者相同属性的一种归纳法。不完全归纳法又可以分为两种类型:简单枚举法和科学归纳法。简单枚举法通常以经验为基础,根据某一事物或某一现象多次重复出现而做出的一般结论。例如,劳动人民在长期的生产实践中得出了“瑞雪兆丰年”的结论,人们在经过大量“观察”的基础上得出了“所有鸟都会飞”的结论等。由于简单枚举法在本质上不涉及研究对象的属性产生的原因,属于“以偏概全”,因而它的结论带有很大的或然性。事实上,瑞雪不一定兆丰年,鸟也不一定都会飞。由于简单枚举法这一严重缺陷,所以它在实际科研活动中的运用也受到极大限制,而科学归纳法的运用在很大程度上可以弥补这一不足。科学归纳法是从观察实验事实中寻找因果关系的方法,它由弗·培根倡导,后来穆勒对它进行了专门研究,并总结出了五种基本方法,因此人们又把科学归纳法称为“穆勒五法”。

1. 求同法

在不同场合考察研究对象 a,如果除了条件 A 以外没有任何其他条件是共有的,那么就可以认定为条件 A 是现象 a 的原因。用公式可以表示为

场合	条件	研究对象
Ⅰ	A,B,C	a
Ⅱ	A,D,F	a
Ⅲ	A,F,G	a

结论:A 是 a 的原因。

例如,人们对醋、柠檬酸、碳酸和盐酸进行实验时,会有许多现象发生,但其中有一种情况是共有的,即它们都能使石蕊试纸变红。而这些物质的化学性质在许多方面都有很大差异:醋和柠檬酸是有机物,碳酸和盐酸则是无机物。不过它们有一种性质是共同的:酸性。因此,按照求同法人们就可断定:酸性和石蕊试纸变红这种现象之间可能有因果关系。

2. 求异法

如果所研究的对象 a 在第一个场合出现,在第二个场合不出现,而这两种情况只有一个条件 A 不同,那么就可以认为条件 A 是现象 a 的原因。用公式可表示为

场合	条件	研究对象
Ⅰ	A,B,C	a
Ⅱ	B,C	

结论:A 是 a 的原因。

例如,有人做动物实验,将一只羊与狼隔栏而居,而另一只羊则关在见不到狼的栏内,其他各种条件都一样。结果发现,不与狼相伴的羊长得很健壮,而与狼相伴的羊不久即因病死亡。由此可推断,狼对羊造成的恐慌心理可能是导致羊死亡的直接原因。实际上,科研活动中研究者经常运用的对照实验就是以这种求异法为理论基础的。

3. 求同求异共用法

如果在出现研究对象的几个场合中,都存在着条件 A,而当条件 A 没有了,研

究对象也不出现,那么就可以认为条件 A 是现象 a 的原因。用公式可表示为:

场合	条件	研究对象
Ⅰ	A,B,C	a
Ⅱ	A,D,E	a
Ⅲ	F,G	

结论: A 是 a 的原因。

由于求同求异共用法实际是把求同法和求异法结合起来使用的方法,因此它的结论比单独使用求同法和求异法所得到的结论更可靠。

4. 共变法

如果在所有场合下,条件 A 发生变化,所研究的对象 a 也随之发生变化,那么就可认定条件 A 是现象 a 的原因。用公式可表示为

场合	条件	研究对象
Ⅰ	A_1,B,C	a_1
Ⅱ	A_2,B,C	a_2
Ⅲ	A_3,B,C	a_3

结论: A 是 a 的原因。

在运用共变法进行归纳时应当注意,只有在其他条件不变的情况下,A 和 a 之间的共变关系才可能是因果关系,否则以上推理就不成立。例如,气体的体积随温度的升高而增大,但如果压力变大,气体的膨胀度将随之改变,而当压力很大时,气体的体积就不一定随温度的升高而增大了。所以,在运用共变法时一定要保持其他条件不变。

5. 剩余法

如果有一复合现象(a,b,c),已知它的原因在某个特定范围(A,B,C)之内,并已知此范围内条件 B,C 只能分别说明复合现象中的部分现象 b,c,那么复合现象其余部分的原因可能为 A 所导致。这种在某一复杂现象中把已知因果关系的条件和现象减掉,而从剩余的条件和现象中寻找因果关系的方法就称为剩余法。用公式可表示为

场合	条件	研究对象
Ⅰ	A,B,C	a,b,c
Ⅱ	B	b
Ⅲ	C	c

结论: A 是 a 的原因。

居里夫人发现镭就是运用剩余法的实例。当时她做实验用的铜铀云母中铀的含量并不高,但测得的辐射强度比铀的含量所能产生的辐射强度大得多,于是居里夫人断定,必定还有一种或者多种未知的辐射强度极高的化学元素的存在。经过近四年的艰苦努力,她终于分离出了镭和钋,其中镭的辐射强度比铀大200万倍。

科学归纳法在科学研究中具有重要作用,它是概括科学事实,整理、加工观察的实验材料,从中找出普遍规律的一种行之有效的方法。科学史表明,许多科学定律和公式都是运用科学归纳法概括出来的。如玻义耳定律,盖-吕萨克定律和查理定律、法拉第定律、定比定律等,都是科学归纳法的功绩。而且,科学归纳法对科学实验也具有指导意义。在科学实验中,人们为了寻找因果关系,往往要设计一些对照实验、析因实验;科学归纳法为合理地设计这些实验提供了理论和逻辑上的依据和方法论上的指导。

(二) 演绎

与归纳相反,演绎是从一般到个别的方法,即从已知的一般原理出发来考察某一特殊对象,从而推演出关于这个对象的结论的方法。演绎推理的主要形式是三段论,由大前提、小前提和结论三个部分组成,其一般形式是:

所有 M 是 P,$M \to P$

所有 S 是 M,$S \to M$

所以,所有 S 是 P,$S \to P$

其中,“所有 M 是 P”是大前提,是已知的一般原理;“所有 S 是 M”是小前提,是已知的个别事实与大前提中的全体事实的关系;“所有 S 是 P”是结论,是通过逻辑推理获得的关于个别事实的知识。

例如,所有金属都能导电(大前提)

锌是金属(小前提)

所以,锌能够导电(结论)

从理论上讲,通过归纳法(严格地讲是不完全归纳法)得出的结论具有一定程度的或然性,即归纳法不能保证结论一定正确;但演绎法与之不同,它是一种必然性推理,即只要大前提和小前提成立,那么结论必然真实。这是因为作为推理前提的一般原理已经包含着个别事物的本质,它的成立和结论的成立实际是等价的。不过,对个别事物的本质的认识虽然已包含在一般原理中,但一般原理却常常不能具体地揭示特定的个别认识,因此就使得演绎法成为必要。

演绎是逻辑证明和反驳的主要工具,它的逻辑推理的严谨性对保证理论思维条理的严密和思路的清晰具有重要作用,尤其是它能保证结论的真实性和结论与前提的一致性。因此,在科学定理、定律、命题和原理的论证或反驳中,演绎法有着广泛的应用。例如,伽利略就是运用演绎法推翻了亚里士多德“物体下落速度与其重量成正比”的错误观点的。如果一个质量为 10 磅的铁球和一个质量为 1 磅的铁球同时下落,按照亚里士多德的观点,前者的下落速度应当是后者下落速度的 10 倍,若把两个铁球捆在一起,下落速度会怎样呢?按照演绎法推理,这时的下落速度应当介于 10 磅铁球和 1 磅铁球的下落速度之间:因为对 10 磅铁球而言,由于被 1 磅铁球“拖了后腿”,所以它的下落速度肯定比单独下落时慢;而对 1 磅铁球而言,由于被 10 磅铁球“推着跑”,所以它的下落速度肯定比单独下落时快。然而,两只铁球捆绑在一起总质量是 11 磅,按照亚里士多德的观点,它的下落速度应当是 1 磅铁球的下落速度的 11 倍,这就使亚里士多德的观点陷入明显的矛盾中。实际上,只要认为物体下落速度与重量有关,通过严密的逻辑推理,最后都会得出前后相悖的结论。由此,伽利略断定,亚里士多德关于“物体下落速度与其重量成正比”的这一前提肯定是错误的,而正确的说法应是:质量不同的物体其下落速度必然相同(不计空气阻力)。

演绎法不仅是逻辑推理的最佳工具,而且也是预见科学事实、提出科学假说的有效方法。由于科学原理是已被实践检验过的“真理”,因此以它为前提经过演绎而推导出的结论就必定与前者一样具有“正确性”。这种推理常常为科学预言和假说指明方向,使科学研究沿着正确的道路前进。例如,1920 年人们发现在 β 衰变中有能量亏损现象,衰变放射出来的电子带走的能量小于原子核损失的能量。为了解释这一现象,物理学家泡利以能量守恒原理为前提做出推论,断言在 β 衰变中有一种尚未发现的微小中性粒子带走了亏损的这一部分能量,意大利物理学家费米把它叫作“中微子”,后来人们证实了它确实存在。同样,门捷列夫之所以能纠正 10 多种元素的原子量的误差,也是由于他以化学元素周期律为大前提进行演绎推理的结果。科学史上,类似的例子屡见不鲜。

此外,演绎法还可以帮助人们设计和指导实验而成为验证科学假说的指导思想。许多科学假说难以直接在观察实验中得到检验,常常需要运用演绎法从假说中做出推论,预言还没有被人们发现的事物和现象,再用观察实验来检验这些预言。这是检验科学假说的一个重要途径。迄今为止,广义相对论的 5 个观测验证都与演绎法密切相关,大爆炸宇宙理论的观察验证同样也运用了演绎法。

当然,演绎法也有其自身的局限性。首先,演绎法最后结论的正确性是建立在大前提和小前提都正确的基础上的，然而大前提和小前提的正确性是演绎法本身所不能保证的，它们是人们用其他方法获得的知识，因此通过演绎法推理得到的结论并不绝对正确。其次，由于演绎推理是从一般到个别的推理，其结论实质上已经包含在前提中，因此它并不能给人们带来更普遍的科学原理。

（三）归纳与演绎的关系

从以上的讨论中，我们已经知道，归纳与演绎作为科学研究的基本方法都有各自的优点和局限性，因此把归纳和演绎完全对立起来，简单地肯定一个而否定另一个是错误的。恩格斯早就说过："归纳和演绎，正如分析和综合一样，是必然地相互联系着的，不应当牺牲一个，而把另一个捧到天上去，应当把每一个都用到该用的地方，要做到这一点，就只有注意它们的相互联系，它们的相互补充。"[①]但在科学史上，就曾出现过片面夸大归纳的作用、完全否定演绎作用的所谓"归纳主义"和片面夸大演绎作用、完全否定归纳作用的"演绎主义"。归纳主义者和演绎主义者各执一词，相互指责，对科学方法论的发展产生了不利影响。

实际上，归纳和演绎都是科学认识的重要方法，只不过归纳是从个别到一般的推理，因此多用于从感性认识向理性认识，从经验向理论的过渡阶段；而演绎是从一般向个别的推理，因此多用于以理论为指导对具体研究对象进行认识的过程。然而，科学认识本质上是一个从个别到一般，再从一般到个别的不断循环往复的过程，因此，归纳和演绎在整个科学认识中是相互补充、相辅相成的。

首先，归纳是演绎的基础。演绎的大前提是科学的一般原理，它从哪里来呢？并不像演绎主义者所说的，它来自人类"先天的直觉"或者"天赋观念"，而主要来自对经验的归纳。所以说，演绎是从归纳结束的地方开始的，没有归纳，就没有演绎。例如，作为物理学许多定理的演绎出发点的能量守恒及转化定律，就是在对千千万万个经验事实归纳的基础上得到的。

其次，归纳需要演绎的指导。人类认识世界一般来说是从研究个别对象开始的，但这并不是说人们在认识个别事物时头脑里就好像一张白纸，没有任何观念；相反，按照观察渗透理论的观点，人们认识事物是自觉或者不自觉地以某种理论为指导的。这就意味着，完全脱离演绎的归纳法是不存在的，归纳必须以演绎为指导。

① 恩格斯：《自然辩证法》，人民出版社，1984 年，第 206 页。

总之，归纳和演绎紧密联系、相互依存、互为条件，共同推动人类对自然界的认识向纵深发展。

第三节　科学技术的实践方法

科学技术的实践方法主要是观察和实验方法。观察和实验作为科学认识过程中有意识、有目的的实践活动，是获取科学事实的最基本、最重要和最普遍的方法。任何科学假说只有得到了观察和实验的支持，才能上升为理论，任何科学理论只有不断得到观察和实验的支持，才能保持其活力，被人们广泛接受，否则就要被淘汰。因此，观察和实验在科学技术活动中占有极其重要的地位，它们既是科学认识的源泉，又是科学认识的检验标准。

一、观察方法及其在科研中的作用

（一）观察方法及其分类

观察是指人们通过感觉器官或借助科学仪器有目的、有计划地考察研究客体从而获得科学事实的一种科学方法。

从对观察的定义看，它作为一种科学方法有其特定的含义，我们不能把它与日常生活中的看、触、尝、嗅这些感知世界的过程完全等同起来，更不能把它理解为“看”。作为科学方法的“观察”的含义应包括三方面的内容：其一，它不是一种无意识、无计划的活动，而是一种有目的、有计划的活动。其二，这种观察活动是在一定的理论指导下进行的，没有任何理论介入的“纯观察”是不存在的，“纯观察”也不可能获得有价值的科学事实。其三，它还包括对感知到的有关客体的信息的理解和陈述。

为了说明这一点，不妨举两个简单的例子。假如黑板上有一个清晰的图样“○”，让不同的人来看它究竟代表什么。一个中学生可能把它看成是氧元素的符号，一个小学生可能把它看成是零，一个幼儿园的小孩可能把它看成是月亮、太阳或大饼，一个懂英文的人可能会把它看成是英文字母等。那么这一客观现象到底是什么呢？这要取决于观察它的主体的“认知格式塔”，而在科学认识中，这种格式塔实际就相当于主体所持有的观点和理论。如果主体在观察这一客观现象时没有任何可以同化或理解它的格式塔，那么这种观察所能带来的信息就极其有限，而且对主体也没有什么意义。再如，一张肺炎或肺结核患者的X光片，一个有经验的医生一看就能知道该患者的病情怎样。但是把同样的

X 光片让一个对医学一窍不通的人看,他可能什么也看不懂,因为他对所观察的现象不理解,所以通过这种“纯观察”得不到任何有价值的信息。这就意味着,观察并不是一种完全被动地接受外部世界信息的过程,而是一种积极主动地接受外部世界信息,并对其进行同化、整理和加工的过程。换句话说,观察是一个主体和客体相互作用的过程,通过观察获得有价值的科学事实也是主体和客体相互作用的结果。

观察通常可以分为直接观察和间接观察。所谓直接观察,是指观察者直接通过感觉器官接收客体的信息的方法。所谓间接观察,是指观察者通过科学仪器接收客体的信息的方法。直接观察和间接观察都有各自的优缺点。直接观察的最大好处是直接、方便、花费小,还可以避免中间环节引起的差错等,但它有很大的局限性和缺点。首先,人的感觉器官接收外部信息明显受到感官感知能力的制约,即超出某一范围的信息人的感觉器官就接收不到。例如,人的视觉只能接收可见光,对于波长较长的红外光和波长较短的紫外光就无法感知到;人的听觉也是如此,通常人们感知不到超过 2 万 Hz 的超声波和低于 20 Hz 的次声波。其次,人的感觉器官的灵敏度较低,有时还会形成错觉。例如,人的肉眼根本无法辨认运动过程中的瞬间不连续,无法看清高速运动的物体,人体对于温度的微小变化也根本无法觉察等。再次,人的感觉器官在某些极端情况下不可能感知周围的客体。例如,人的肉眼不能看强光,人的耳朵也不能听响度太大的声音,人体也不能忍受太高或太低的温度等。为了克服这些局限性,人们就要借助科学仪器来进行间接观察。

间接观察的优点是:第一,它扩大了人类感知客观世界的范围。如人类可以借助望远镜看到更远的东西,借助显微镜可以看清更小的东西,借助夜视仪可以看到黑夜中的东西。第二,它克服了人类感觉器官不能在极端情况下接收外部信息的缺点。如人类可以借助科学仪器“看”强光,“听”高音,“感知”高温等。第三,它提高了观察的灵敏度和精度。借助科学仪器,人类可以把高速物体的运动轨迹看得一清二楚,可以把声音、温度的微小变化辨别得一清二楚。当然,间接观察也有其自身的局限性和缺点,如受到客观条件的限制;有时科学仪器本身的缺陷或失灵也会直接影响所获得的科学事实的可信度等。

由于直接观察和间接观察各有利弊,因此科学工作者在科研活动中要根据具体情况来合理选择。

(二) 观察方法在科研中的作用

观察是人类的一种最基本的实践活动,是直接获取科学事实的一种重要手段。通过观察所获得的资料虽然只是感性材料，但却是科学认识——理性认识的基础，而且这些第一手资料还是检验科学认识的一个重要标准。因此，观察对于科研具有极其重要的意义。

1. 观察是科学研究获取感性材料的基本途径

马克思主义认为，感性认识是认识的低级阶段，是作为认识高级阶段的理性认识的前提或基础。因此，作为理性认识的科学认识必须建立在感性认识的基础上，换句话说，没有感性认识，科学就会变成无源之水，无本之木。很显然，获得感性认识的一个基本手段或基本方法就是进行观察。正是在这种意义上，俄国著名化学家门捷列夫说："科学的原理起源于实验的世界和观察的领域，观察是第一步，没有观察就不会有接踵而来的前进。"纵观科学史，可以说这是一个不争的事实。例如，著名英国生物学家达尔文从 1831 年到 1836 年以博物学家身份乘"贝格尔号"军舰进行了为期五年的环球航行，从欧洲到南美洲、澳洲、亚洲，对各地区的动物、植物和地质构造进行了详细的观察研究，搜集了大量的第一手资料，这些资料后来成了他研究生物进化论不可或缺的依据。

2. 观察是检验科学假说或科学认识真理性的一个重要标准

人们要弄清楚在认识自然界的过程中所获得的科学知识是否真实地反映了自然界的客观规律，就必须把它放到实践中去进行检验。只有在实践中证明同客观事实相吻合的科学假说或科学认识才能上升为科学理论，才能被人们所普遍接受；而与客观事实不符的那些科学假说或科学认识就会被人们所抛弃。正如大科学家爱因斯坦所说："理论所以能够成立，其根据就在于它同大量的单个观察关联着，而理论的'真理性'也正在此。"①例如，广义相对论著名的三大验证，即水星近日点的进动、光线在引力场中的弯曲和光谱线在引力场中的红移，都应归功于天文观察。同样，宇宙大爆炸理论之所以被人们所公认，并成为当今文物理学的正统理论，就是因为它所做出的重大预言已被一系列的天文观测结果所证实。根据大爆炸宇宙论的预言，宇宙的氦丰度应是 25% ~30%，宇宙的背景辐射温度应是 3 ~10 K，宇宙现在仍在膨胀等。而在 20 世纪 60 年代天文学观察的结果是：宇宙的氦丰度是 28%，宇宙的背景辐射温度是 2.7 K，宇宙现在确实在膨胀，而且距地球越远的天体，退行速度越大，这些观察结果与预言几乎完全一致。

---

① ［美］爱因斯坦：《爱因斯坦文集》（第 1 卷），许良英，赵中立，张宣三译，商务印书馆，2010 年，第 193 页。

3. 观察可以做出科学新发现，从而推动科学进步

科学家为了研究目的的需要对自然界某一类现象进行长期的、系统的、精确的观察，可能会导致重大的科学新发现。这些新发现可能会彻底改变人们的传统观念，为科学研究开辟新领域，指引新方向，从而把科学推向前进。伽利略利用望远镜对宇宙，尤其对太阳系进行了长期观察，由此他发现了太阳的黑子和木星周围的四颗卫星。他通过望远镜看到的恒星的数目比仅凭肉眼看到的要多得多，他甚至还发现了月球像地球一样有山谷。这些前所未有的新发现不仅改变了人们的传统观念，而且促使人们越来越普遍地借助望远镜来观察天文现象，从而极大地推动了近代天文学的迅猛发展。在现代粒子物理学中，科学家对宇宙线的长期和系统观察，相继发现了正电子、μ 子、π 介子、k 介子、Σ 超子等基本粒子，极大地加深了人们对物质结构的认识。

4. 观察是许多新学科创立的基础

观察方法不仅为几乎所有自然科学学科提供必不可少的感性材料，而且直接导致主要以观察资料为基础的一系列自然科学学科的建立，天文学、地理学、动植物分类学、气象学、仿生学等学科的建立就是如此。我国著名气象学家竺可桢为了研究物候的变化规律，即自然界中植物、动物与环境条件的周期变化之间的密切关系，几十年如一日地进行科学观察，一直坚持到他逝世的前一天。他晚年发表的《物候学》就是他长期进行科学观察的结晶，这是以观察为基础建立新学科的典范。

（三）观察方法应遵循的原则

由于观察资料是科研的依据，尤其对于天文学、气象学、动植物学、地理学这些主要以观察为基础的描述性学科而言，通过观察所获得的科学事实本身就是科学研究的对象，是科学的一部分，因此观察资料必须尽可能的准确、可靠。要做到这一点，在观察过程中就必须遵循一系列基本原则。

1. 客观性原则

坚持观察的客观性，就是要采取实事求是的科学态度，在观察中不带主观性，而且要采取一系列措施尽可能减少错觉的发生。列宁提出的辩证法的 16 条要素中第一条就是“观察的客观性（不是实例，不是枝节之论，而是自在之物本身）”①。

实践证明，人们由于感觉器官固有的局限、感觉器官生理状态的变化、所使

① 中共中央马克思、恩格斯、列宁、斯大林著作编译局：《列宁选集》（第 2 卷），人民出版社，1972 年，第 607 页。

用的科学仪器的缺陷等,常常会造成观察中的错觉。例如,在德国哥廷根举行的一次心理学会议上,从门外突然冲进一个人,后面有另外一个人紧追着,手里还拿着枪。两人在会场里混战一场,最后响了一枪,又一起冲了出去。从他们进门到出去总共持续了约 20 秒。紧接着,会议主席发下调查表,请所有与会者填写他们的目击经过。这件事是预先安排好的,经过了排演并全部录了像,而与会者并不知道这是一次心理测试。在交上来的 40 篇观察报告中,只有一篇在主要事实上的错误率少于 20%,有 14 篇错误率在 20%~40%,有 25 篇错误率超过 40%。尤其值得一提的是,在半数以上的报告中,10%或更多的情节纯属臆造。这一例子生动地说明,人们在观察中,尤其在事先无心理准备的观察中,错觉不仅是难免的,而且发生的概率很大,这显然使观察的客观性受到严重影响。当然它同时也说明了在观察中坚持客观性原则的重要。

2. 目的性原则

坚持观察的目的性,是指在进行任何观察前,观察者必须要对观察有充分准备。观察者必须制订详细的观察计划,必须清楚地知道为什么要进行这样的观察,需要观察什么,还要大致估计在观察中会出现什么现象,等等。当然,坚持观察的目的性并不是说在观察中要介入主体的主观想象,相反,在观察中要尽可能避免先入为主之见的干扰。事实上,坚持观察的目的性和避免先入为主之间并不矛盾,而且从心理学角度看,坚持观察的目的性可以避免主观性和错觉的产生。因为在观察时,有准备的和没有准备的情况会大不一样。一个知识丰富、有明确观察目的、有充分思想准备的专业研究人员,在观察中能很快地发现所要观察的事物或现象;而对于一个没有观察目的、没有思想准备的普通人而言,这些事物或现象不仅没有任何价值,而且他还可能把它们误认为他所熟悉的其他事物或现象。例如,一个古生物学家从生物化石中可以观察到许多客观现象,而对于一个普通人来说,一块有很高研究价值的古生物化石只不过是块普通的石头而已。

3. 系统性、全面性原则

所谓系统性、全面性原则,是指观察者要从不同方面、不同角度,在不同情况下观察客体,以获得在不同观察条件下的可以相互补充、相互验证的系列观察资料。因为只有把握客观对象的存在条件,它的各种因素、各种关系、各种表现形态,以及在时间上的更替和在空间上的分布等等,才能为我们真正搞清楚事物的本质提供坚实的基础,而那些零碎的、时断时续的、片面的、无系统性的观察,对科学研究的目的、对揭示事物的本质并没有多大价值和意义,所以科学工作者在观察中必须尽可能做到全面和系统。列宁曾明确指出:“要真正地认识事物,就必须把握、研究它的一切方面,一切联系和‘中介’。我们决不会完全做到这一点,但是,全面性的要求可以使我们防止错误和僵化。”①法国著名博物学家布丰之所以写出了划时代的巨著——共36卷的《自然史》,林耐之所以创立了动植物分类学,达尔文之所以创立了生物进化论,竺可桢之所以写出了《物候学》,和他们几十年如一日、坚持不懈地对研究对象进行系统地、全面地观察是完全分不开的。相反,如果仅凭一鳞半爪的观察资料就对事物的本质发议论,十有八九会导致错误的结论。

4. 典型性原则

所谓观察的典型性,就是要选择典型的、有代表性的观察对象和观察条件,避免次要因素的干扰,从而使获得的观察资料更可靠。由于客观事物通常比较复杂,其过程往往由许多相互交织在一起的因素共同决定,不可能那么纯粹和单一,所以事物的本质很容易被各种纷繁复杂的现象所掩盖。要使观察资料更好地反映客观事物的本质,就必须暂时撇开与观察无关的内容,撇开次要因素,尽可能地使自然状态,即具体事物的表象形态变成比较纯粹的形态,让与观察目的密切相关的主要过程和主要因素充分暴露出来。为此我们就必须选择典型的观察对象,选择在干扰因素比较少的有代表性的环境下进行观察。如1676年丹麦天文学家雷默为了测量光的速度,选择了木星卫星的星蚀作为观察对象,在地球运行到太阳与木星之间时和在地球运行到太阳另一边时,分别测星蚀出现的周期,发现后者要比前者长1 000多秒,由此他推算出光速为每秒22.5万千米。尽管精确度较差,但毕竟人类第一次通过观察方法肯定了光速是有限的。我国著名气象学家竺可桢在进行物候学研究过程中,对候鸟燕子每年“南来北往”的时间和每年最早在什么时间下霜、结冰、解冻都特别关注,因为这些现象与气候变化之间的关系最密切、最典型。这都充分说明,观察最终是否能够获得具有科学价值的资料,在很大程度上取决于观察对象的典型性。

二、实验方法及其在科研中的作用

(一) 实验方法及其分类

实验方法是人们根据一定的研究目的,运用适当的物质手段(科学仪器和设备),人为地控制、模拟或创造自然现象,使之以纯粹、典型、明显的形式表现

① 中共中央马克思、恩格斯、列宁、斯大林著作编译局:《列宁选集》(第2卷),人民出版社,1972年,第607页。

出来，从而获取科学事实的研究方法。换句话说，实验方法的本质就在于科研工作者可以根据自己的科研目的在实验室中创造出数量多、质量高的自然现象或科学事实（或人类经验）供科学研究。很显然，这些数量多、质量高的自然现象或科学事实不仅可以作为科学研究的丰富感性材料或研究对象，更重要的是它们可以对科学知识进行严格检验，使科学成为所谓的实证知识。

实验与观察一样，是获取科学事实的基本方法。在现代科学研究中，实验和观察往往联系得非常紧密，它们相互依存，表现出某种一体化趋势。不过在科学史上，实验方法和观察方法有显著的不同。它们之间最基本、最重要的差别在于，实验是在人为控制的条件下获取科学事实的，有时人们可以根据研究目的的需要，有计划、有意识地创造出所需的自然现象，从而获取有关的科学事实；而观察仅仅是在自然发生的状态下对研究对象进行考察的。这就是说，实验中的自然现象主要是人为创造的，而观察中的自然现象是大自然的恩赐。

实验作为一种科学研究方法经历了漫长的发展过程。在古希腊，亚里士多德采用每天打碎一个孵化中的鸡蛋的方法来弄清小鸡在鸡蛋里的发育过程。“他描写了鸡胎的发展，注意到心脏的形成，并观察了心脏在蛋壳中的跳动”，[①]这可能是用实验方法研究自然的最早记录。到了文艺复兴时期，人们越来越多地利用实验方法对自然界进行探索，吉尔伯特、达·芬奇、斯台文、维萨留斯、范·赫耳蒙特就是其代表人物。不过，真正使实验方法成为科学研究的一个最基本和最重要的方法的应主要归于伽利略和弗·培根。

伽利略用实验方法研究了摆、斜面、落体运动、抛射体运动等，并在此基础上创立了动力学，为人们“树立了科学地把定量实验与数学论证相结合的典范”[②]。如果说伽利略用自己的实际行动为实验方法成为科学研究的最基本方法做出了榜样，那么弗·培根则从哲学上为之提供了理论证明。培根把经验分为两类：一类是自然发生的，叫偶然事件；另一类是有意去寻找的，叫实验。他认为后者比前者更重要，因为只有从实验出发，才能达到真理。为了与亚里士多德极力主张的通过“演绎—推理”获得真理的方法《工具论》[③]相区别，他把自己所极力倡导的通过“实验—归纳”获得真理的方法命名为《新工具》[④]。培根作为整个现代实验科学的始祖，对整个近现代实验科学的发展产生了巨大

---

① 丹皮尔：《科学史》，李珩译，商务印书馆，1975 年，第 70 页。
② 亚·沃尔夫：《十六、十七世纪科学、技术和哲学史》，商务印书馆，1985 年，第 47 页。
③ 亚里士多德：《工具论》，中国人民大学出版社，2003 年。
④ 培根：《新工具》，沈因明译，上海辛垦书店，1934 年。

影响。

当实验从生产实践中完全分化出来,成为一项具有相对独立性的专门从事认识自然界的社会实践活动后,它不仅为科学研究提供了重要的手段,而且为科学发展奠定了直接基础。随着人们认识自然界的范围不断扩大,层次不断深入,实验方法本身在深度、广度、规模及形式上也发生了深刻变化。17、18 世纪实验规模还比较小。1817 年英国格拉斯哥大学建立了第一个化学实验室,1824 年李比希在德国吉森大学建立了一个更大的化学实验室。19 世纪 70 年代,英国剑桥大学建立了卡文迪许物理实验室,爱迪生在美国芝加哥主持建立了专门用于技术发明的实验室,这时,科学实验的规模已今非昔比了。20 世纪以来,供科学研究的实验室进一步社会化、精确化、技术化和大型化。

实验虽然属于社会实践的一种形式,但它与生产实践活动有很大区别:生产实践的目的主要是改造和利用自然,而科学实验的目的主要是认识自然。实验的基本要素有三个:实验者、实验手段和实验对象。实验者是从事实验设计、操作和数据处理等工作的人员。实验者作为认识主体,是整个实验活动中最活跃、最关键的因素,因为实验者的知识水平、知识结构、思维方式、哲学观点及实验技能水平的高低对实验过程和结果有着重大影响。实验手段是把实验者的作用传递到实验对象上去,并获得有关信息的各种实验仪器和设备,它们作为实验者和实验对象之间相互作用的中介,从本质上讲是人的感觉器官和思维器官的延长。而实验对象是可观察的自然客体的一个部分,是无限客体中的一个片段,它们是实验者精心挑选出的或者是人为加工过的认知对象。

随着科学技术的发展,不仅实验手段和实验方法在不断更新,而且实验的类型也越来越多。根据标准或研究问题的角度不同,可以对实验做不同的分类。

依实验中质、量关系的特点分,可分为定性实验和定量实验。定性实验是为了判定实验中某个因素的作用是否存在,某些因素和其他因素之间是否有关联,或者研究对象是否有某种属性;定量实验则是为了测定某个因素的作用究竟有多大,某个参数的变化与其他参数之间存在着什么样的定量关系,或精确测定研究对象某种属性的量值。如测定光速、热功当量、万有引力的大小与质量和距离之间的关系,以及在温度不变的情况下气体的压强和体积之间的关系等。

依实验手段和研究对象之间的关系,可分为直接实验和模拟实验。直接实验是指把实验手段(如仪器、仪表、装置、处理方法等)直接施加于研究对象以获取有关信息；而模拟实验是一种间接实验，实验者先设计出反映研究对象属性的模型，然后把实验手段作用于模型，通过模型实验了解原型（研究对象）的性质和规律。模拟实验又可分为物理模拟、数学模拟和功能模拟：物理模拟是依据相似理论，设计出与研究对象相似的物理模型，通过模型实验来了解原型变化的物理过程；数学模拟是根据原型和模型之间在数学方程或数学关系上的相似性，利用计算机来求解研究对象性质的一种研究方法；功能模拟是以控制论为基础，以原型和模型之间的功能相似性为目标的研究方法。

依实验的直接目的，可分为探索性实验和验证性实验。所谓探索性实验，是指实验者的目的是为了发现那些未知的或未加阐释的新事实，其中包括由已知结果去寻找原因的所谓析因实验；而验证性实验是指实验者的目的是为了检验某一科学假说是否与科学事实相符，其中包括可以对某一假说进行裁决的所谓判决性实验。

上述类型是主要或基本的实验类型，根据不同的研究目的，人们还可以把实验划分为其他类型，如纯粹实验和中间实验、地面实验和空间实验、初步实验和正式实验等。需要指出的是，不同的实验类型之间并没有固定的、绝对的界限，相反，在大多数情况下不同类型的实验之间是相互渗透、相互交叉的。

（二） 实验方法的特点

与观察方法相比，实验方法作为人类认识自然、探索自然奥秘的一种科学方法，有其自身的特点，这些特点同时也是实验方法的优点。

（1）实验可以简化和纯化研究对象，帮助人们搞清楚各种主要因素之间的关系。

马克思曾指出："物理学家是在自然过程表现得最确实、最少受干扰的地方考察自然过程的，或者，如有可能，是在保证过程以其纯粹形态进行的条件下从事实验的。"①为什么科学家要力求在"纯粹状态"下来认识自然界呢？这是因为自然现象通常是非常复杂的，各种因素相互交织在一起，这样，人们就很难分清哪些是偶然的、次要的和非本质的因素，哪些是必然的、主要的和本质的因素，所以就很难真正弄清楚这些自然现象究竟是由什么原因引起的。而实验方法可以通过科学仪器和设备所创造的条件，根据研究目的，突出主要、必然的因素，排除次要、偶然的因素和外界影响的干扰，使人们需要认识的某种属性或关系在简化、纯化的状态下显现出来。例如，为了检验杨振宁和李政道所提出的

---

① 中共中央马克思、恩格斯、列宁、斯大林著作编译局：《马克思恩格斯选集》（第2卷），人民出版社，1972年，第206页。

弱相互作用下宇称不守恒假设,著名美籍华裔物理学家吴健雄在1956年成功进行了钴-60实验。在常温下由于钴-60本身的热运动,其自旋方向是杂乱无章的,因而无法检测。于是吴健雄把钴-60冷却到0.01 K,使钴核的热运动停止下来,这样一来,就排除了热运动这种干扰因素,使钴原子核在β衰变中上下不对称的现象显示出来,从而证实了弱相互作用下宇称不守恒假设。再如,要想在自然条件下弄清楚气体的压强、体积和温度之间的定量关系几乎是不可能的,然而在实验室中,可以利用实验仪器和设备使温度保持不变来单纯显示压强与体积之间的关系,或使体积(压强)保持不变来单纯显示压强(体积)与温度之间的关系,从而最终搞清楚压强、体积、温度之间的定量关系,并用数学公式把它们精确地表达出来。

(2) 实验可以强化研究对象,使之处于极端的状态,从而使人们获得在自然条件下无法得到的科学事实。

一般说来,人们可以直接观察到的自然现象都不会处于极端状态,然而事物的许多属性和本质在通常情况下却难以显现出来,而只有在某种特殊的极端状态下才显示出来。因此,我们可以通过实验来创造自然界中通常不可能出现,在生产过程中又难以实现的特殊条件,如超高温、超低温、超高压、超高真空、超强磁场等,以发现研究对象在这些极端状态下的属性和本质。例如,在通常的自然状态下任何导体都有电阻,然而1911年当荷兰物理学家卡曼林-昂尼斯把汞的温度降到4.173 K以下时,发现汞的电阻突然消失了,变成了所谓的超导体,他的发现开创了超导体这一新领域。同样,在通常情况下物质只有三种状态:固、液、气态。但在超高温条件下,物质就会处于由离子、电子及未经电离的中性粒子组成的"等离子体"态,它与气体有非常不同的物理性质和运动规律。可想而知,如果这些重要现象不能被发现,将会严重阻碍科学向纵深发展。

(3) 实验可以延缓、加速或再现自然过程,便于人们对自然界进行深入研究。

自然界中有许多现象对人类的认知而言,其过程的变化不是太快,就是太慢,有些现象甚至出现一次就再也不会重复,这样一来,就给人类研究、认识这些现象造成极大的困难。在这种情况下,人们可以根据研究目的的需要,在实验室中通过人为控制的方法加速、延缓或再现所要研究的自然过程,从而获得有关的可靠信息,为科学研究提供准确的感性材料。例如,在自然条件下,仅凭肉眼的观察根本无法严格验证自由落体定律,但在实验室中可以先通过高速摄像机拍下自由落体的运动过程,然后慢速回像,就可以清楚地看到自由落体的下落速度随下落时间逐渐加快的现象,而且还可以精确测出下落距离和速度与下落时间之间的定量关系。再如,人们为了研究地球气象的变化,可以进行大气模拟实验。它可将距地面几万米的整个大气层的运动在大气环流实验室中模拟出来,大气环流模拟的转台,每半小时左右转一圈就能模拟一天气候的变化,三个小时就可以模拟一年气候的变化,等等。

(4) 实验方法作为人类认识自然的一种手段,比较经济、可靠、精确、便捷。

众所周知,人类对自然界的认识是一种不断探索,反复实践的过程,往往要经历多次挫折和失败后才能获得成功。而实验方法与生产实践相比,规模较小,周期较短,费用也少,因此即使失败多次,损失也不会太大。而且实验对周围环境及人身安全的影响比实际生产更易于控制,这既有利于提高人类认识自然的可靠性、精确性,同时也减少了人类在实践过程中的危险性。

(三) 实验方法在科研中的作用

著名物理学家爱因斯坦认为,西方近代科学的诞生和迅猛发展主要归功于古希腊的逻辑方法和近代的实验方法。爱因斯坦的这一见解确实是非常深刻和中肯的。科学史表明,如果没有逻辑方法,就无法整理科学事实,无法构建科学理论体系;而没有实验方法,人们就不可能获得科学认识所依据的精确、系统的科学事实。因此可以毫不夸张地说,实验方法和逻辑方法是近代科学进步的两大基石。具体来看,实验方法在科学发展中的地位和作用主要表现在以下几个方面:

首先,历史上实验方法是近代自然科学从古代自然哲学体系中独立出来的催化剂。在古代社会,人们由于知识和经验非常贫乏,因而对周围的种种自然现象感到非常惊异和迷惑不解,为了摆脱这种无知的状态,人们凭借自己先天的直觉和思辨能力从总体上对自然现象进行解释或猜测,这种对自然现象产生、存在和变化原因的总体解释或猜测就是早期的自然哲学。但是,人类的求知本性使它并不满足于对自然的总体解释,而总是力图对自然现象的各个方面、各个部分和各个层次进行分门别类的具体解释,于是自然科学的诞生就成为可能。不过,古代人无论对自然现象进行总体的、抽象的解释,还是进行分门别类的、具体的解释,采用的方法都是直观和思辨。而在一般情况下,对自然现象的总体解释和分门别类的解释之间是相互渗透、相互交织在一起的,不存在一条泾渭分明的界限,所以古代的自然哲学和自然科学通常也都是相互交织在一起的,人们很难把它们严格区分开。换句话说,作为分门别类的自然知识的科学一开始是以一种潜在的形式被包容在作为总体的自然知识的自然哲学中的。然而,由于科学是对自然现象的某个方面、某个部分或某个层次的具体的解释,因而这种解释是否符合事实可以通过人类的经验加以检验(因为人类的经验都是具体的、个别的)。这样一来,当伽利略创立用系统的实验方法,即用人类专门的、系统的、精确的、典型的、纯粹的、定向的经验对关于自然现象的解释或猜测进行严格检验时,自然科学就彻底地从自然哲学中分离了出来,走上了独立发展的道路:自然科学成了人类可以通过经验对之进行严格检验的"实证知识",而自然哲学由于本质上是思辨的、抽象的知识,在人类经验范围内永远不可能得到检验,因而仍然属于"形而上的知识"。所以说,如果没有近代实验方法的诞生,也就不会有近代自然科学的诞生。

其次,今天实验方法已成为推动科技进步的最主要因素。如果说历史上人类认识自然界主要靠生产实践和观察的话,那么今天人类认识自然界则主要靠科学实验。随着社会实践的高度发展,人类认识自然界的范围越来越广,层次越来越深,这就导致人类仅凭生产实践和观察根本无法涉及或得到作为科学认识的依据的有关科学事实,人类要想对自然界进行更深刻、更细致、更精确的认识,必须主要依靠科学实验。这就意味着,科学实验已经成为今天科学发展的决定性因素,没有科学实验的支撑,科学将寸步难行。事实上,现代科学领域内许多重大发现和重大突破都是建立在实验基础上的,都是由于实验方法和实验手段的革新所促成的。有人曾统计,1901—1990 年之间,获得诺贝尔物理学奖的项目,60% 以上与实验有关。如 20 世纪初盖革发明的计数器和威尔逊发明的云雾室极大地推动了对微观粒子的深入研究。威尔逊利用云雾室第一次拍摄到单个的 α 粒子、β 粒子和中子的轨迹。后来,正电子的发现、正负电子对的"产生"和"湮灭"过程也都从云雾室中得到了直接验证。正是由于当今科学实验对科学发展具有举足轻重的影响,因此一个国家要想把科学技术搞上去,就必须建立现代化的大型实验室,像美国为实施曼哈顿工程计划而建立的原子能研究所、西欧的联合核子研究中心、中国的正负电子对撞机都属此列。

再次,实验方法渗透到科学内容中,与之相结合,形成新的交叉学科或为学科新的研究方向开辟道路。随着实验仪器的精密化,实验方法的多样化,以及新的实验仪器、设备的不断涌现,当今科学实验本身已经变为一项专门的技术——实验技术。这种实验技术由于其自身的特殊性,因此比其他任何技术都与科学联系得更紧密。一方面,科学的发展促使新的实验技术的诞生;而更重要的是另一方面,随着实验技术的不断发展,它与科学相融合,不仅形成了以实验为基础的新的交叉学科，而且促进了传统学科内容的更新、研究方向的转变。例如，在19世纪以前，心理学作为探讨人类认知世界的学问一直属于哲学范畴，许多心理学问题都是由哲学家和思想家来研究的。后来，德国生理学家W.冯特于1879年在莱比锡大学建立了世界上第一个心理实验室，用实验方法对人的心理过程进行研究，从而标志着实验心理学的诞生，同时也标志着心理学从此成为一门实证学科。20世纪50年代以后，由于应用了现代科技成就，如微电极技术、脑化学分析技术、电子计算机技术等，实验心理学完全进入了一个新的阶段，成为心理学体系中的一门基础学科。同样，实验医学、实验生物学、实验物理学、实验化学及其分支学科的兴起，都极大地推动了科学的发展。

最后，实验方法不仅是科学新发现的重要手段，而且也是科学检验的重要手段。我们已经知道，科学主要由四个部分组成：（1）人们对自然现象的获得；（2）对这些自然现象产生的原因进行猜测或揭示，以解释这些现象；（3）以这些猜测或解释为基础，经过一系列严密的逻辑推理，推演出有关结论或预言（以便检验）；（4）对这些猜测或解释进行严格检验。不难看出，科学的第一部分和第四部分必须主要靠实验方法。因为通过实验方法科研工作者可以创造出数量多、质量高的自然现象或科学事实，这些自然现象或科学事实不仅可以成为科学研究的丰富的感性材料或研究对象（科学的第一部分），而且还可以对科学假说或理论进行严格、精确的检验（科学的第四部分），使之成为人类公认的实证知识。

此外，还应指出的是，实验方法不仅促进了自然科学各学科的发展，而且促进了许多社会科学学科的进步，如经济学、人口学、社会学、教育学等学科已经越来越离不开实验方法。

第四节　科学技术的精确思维方法——数学方法

一、数学方法及其特点

所谓数学方法，就是运用数学作为工具来研究事物的性质及其运动规律的方法。具体地说，就是根据对象的不同特点，分别地或者综合地运用诸如线性代数、解析几何、微积分、概率论、微分方程等数学分支所提供的概念、方法、规则、技巧等对其进行结构、数量关系方面的描述、计算和推导，从而对所要认知的问题做出分析和判断，最终揭示出研究对象的本质和规律的一种研究方法。

在科学研究中，无论是对科学事实的整理加工，还是进行纯粹的理论推导，一刻都离不开数学方法。一般来说,人类认识事物都是从定性到定量,再到精确(即定性—定量—精确)这一过程进行的。换言之,人类不仅要认识事物质的方面的一般特性,而且还要认识事物量的方面的具体特性,即要认识事物的内部结构、运动规律以及它与其他事物之间的定量关系等。人们只有从量的方面认识了事物,才算真正达到了科学认识的水平。而对事物进行量的方面的认识,只有运用数学方法才能做到。因此,马克思说:"一门科学只有成功地运用数学时,才算达到完善的地步。"①反之,如果一门学科还没有普遍地应用数学,就意味着这门学科还处在定性研究阶段,即还处在起始研究阶段,因此这门学科还远未成熟。

数学方法作为一种科学技术方法已经经历了漫长的历史发展过程。古希腊的大数学家、哲学家毕达哥拉斯把"数"看作是一切事物的本原,认为宇宙的结构在数上是和谐的、简单的、完美的、成比例的,因此宇宙万物的和谐关系只有通过数学才能揭示。毕达哥拉斯的这一思想几乎一直影响着整个西方科学的发展,尤其是对天文学的发展起着关键作用。在毕达哥拉斯关于宇宙万物的"数学和谐性假说"的影响下,柏拉图提出了天文学上所谓的"柏拉图原理":所有天体都是球形(因为球形是最简单、最完美、最和谐的几何形状),地球是宇宙的中心,所有天体围绕地球转的轨道都是正圆,且速度都是均匀的。后来他的学生欧多克索根据这一原理建立起了第一个较为系统的宇宙几何模型,托勒密的行星运动的数学模型就是在此基础上建立起来的。

哥白尼作为毕达哥拉斯主义的忠实信徒,其《天体运行论》一书也是在追求"宇宙天体中存在真正的数学和谐关系"这一思想的指导下写成的,《天体运行论》的出版标志着近代自然科学的诞生。后来,伽利略开创了用观察实验和数学分析相结合的方法探索自然界的奥秘,从而使近代自然科学开始迅速地发展成为精密科学。与伽利略同时代的笛卡尔明确地把数学当作一种科学研究方法。他认为,数学是其他一切科学理论的模型,任何科学分支都应建立在数学模型上,然后从数学公理出发,通过演绎推理建立新的真理。无疑,在近代科学的发展过程中,笛卡尔的这种用建立数学模型的方法来进行科学研究的思想得到了充分继承和发扬。

20世纪以来,计算机技术的诞生和发展极大地扩展了数学方法应用的深度和广度。在以前,有许多科学技术上的问题虽然可以建立数学模型,但由于参

---

① 拉法格:《回忆马克思恩格斯》,人民出版社,1973年,第7页。

数多、模型太复杂而不可能由人来进行实际运算和证明，因而在一定程度上影响了数学方法的实际应用。而现在借助计算机高速、准确的运算，不仅使科学技术中许多复杂的数学模型可以轻而易举地解决，而且大大地节省了运算时间，提高了精确度。正因为如此，今天科学技术的几乎所有领域都离不开计算机。此外，20 世纪以来数学和逻辑相结合形成了一门新的数学分支学科——数理逻辑，它的诞生把数学方法的应用又大大地向前推进了一步。

数学方法之所以在科学研究中得到如此广泛的应用，是因为它有如下特点或优点：

（1）抽象性

任何科学思维都具有抽象性，但是数学的抽象程度比任何科学的抽象程度都要高。在数学的抽象中，已抛弃了事物其他的一切特性，只保留事物量的关系和空间形式。人们使用各种符号来表示事物的空间形式和量的关系，这样它们就变为一种完全脱离自己内容的纯粹的符号形式系统。这种符号形式系统是一系列数学概念的集合，它们不涉及任何一个具体的对象，而仅仅是从具体对象中抽象出来的“一般”。

（2）精确性

所谓精确性是指逻辑的严谨性及结论的确定性。数学概念是经过明确定义的，其内涵没有任何歧义，数学理论是在概念的基础上按照严格的逻辑法则推演得到的，因此数学结论具有逻辑必然性和量的确定性。正如爱因斯坦所说：“为什么数学比其他一切科学受到特殊尊重，一个理由是它的命题是绝对可靠的和无可争辩的，而其他一切科学的命题在某种程度上都是可争辩的，并且经常处于会被新发现的事实推翻的危险之中。数学给予精密的自然科学以某种程度的可靠性，没有数学，这些科学是达不到这种可靠性的。”①

（3）应用的普适性

因为现实世界中的任何事物都具有一定的空间结构形式和各种量的特征，事物与事物之间也都存在着不同形式的数量关系，所以数学方法在本质上适用于任何学科。当然，对于不同性质的事物，运用数学方法的要求和可能性是不同的，它既取决于科学技术发展的状况，也取决于数学本身的发展水平。今天，随着信息时代的到来和计算机的普遍应用，数学方法正更加广泛地渗透到科学技术的各个领域，它的应用越来越普遍。

---

① 许良英，赵中立，张宣三：《爱因斯坦文集》（第 1 卷），商务印书馆，2010 年，第 217 页。

二、数学方法在科研中的作用

在科学技术研究中，数学方法作为一种不可或缺的认识手段，尤其是作为理论思维的一种有效形式和推理方法，其作用主要表现在三个方面：

1. 为科学研究提供简洁精确的形式化语言

数学用各种符号之间的关系来反映、描述现实世界中各种数量之间的关系。在数学中，对量与量之间关系的比较和运算，对定律、定理、结论的推导或者证明都是按严格的逻辑规则，用形式化语言来表达的。这种表达方式既简明扼要，又准确无歧义，因此用数学语言来描述自然界、描述事物及其之间的关系不仅可以避免引起误解，而且可以保证理论体系内部逻辑上的自洽和简洁。例如，在电动力学中，用一组偏微分方程就可以概括地描述经典电磁理论的全部基本规律；在量子力学中，用希尔伯特空间和算符可以把微观物理世界中各个量的关系描述得一清二楚。正由于在科学研究中运用了简明的数学语言，因此它大大地简化和加速了人们的思维进程。事实上，如果不运用数学的形式化语言，只靠日常的自然语言，那么连简单的规律都难以说清，更不用说描述复杂现象的深层次的内在联系了，而且单凭日常语言，根本无法进行严格的推理、论证和复杂的量的运算。所以，可以毫不夸张地说，数学的形式化语言是自然科学领域中的通用语言，没有它，科学将寸步难行。

2. 为科学研究提供数量分析和计算方法

人们认识事物都是从认识事物的质开始，逐步深化到认识事物的量。与此相对应，一门科学的发展也都是从定性的描述开始，逐渐进入到定量的分析和计算的。科学史表明，数学方法在科学研究中的广泛运用是一门科学发展成熟的标志。力学、物理学乃至整个自然科学之所以已经发展成为“精密科学”，其最直接和最主要的原因就是实验方法和数学方法充分地结合起来，即普遍地运用数学方法对实验中获得的各种信息进行定量分析和计算。狭义相对论于1905年创立之后，爱因斯坦就试探性地把它推广到加速运动，但直到1916年才创立了广义相对论。在这11年时间里，他所解决的一个重要问题就是寻找一种恰当的数学方法来描述和分析引力场及其特性。后来，他在格罗斯曼的帮助下采用黎曼几何作为数学工具，成功地将引力场及其作用力几何化，并使有关引力场的特性的定量分析和计算成为可能。在技术领域，定量分析和计算也是不可缺少的，现代技术的数学化趋势越来越明显。在像空间技术、原子能技术、自动控制技术及大型工程中，若不依赖数学方法进行周密的理论分析和准确的数值计算,几乎是不可想象的。数学不仅为科学研究提供了一种分析和计算工具,而且数学分析和计算本身还能预言新的现象。英国天文学家哈雷根据万有引力定律,推算出哈雷彗星的运动轨迹,并预测出它以75~76年为周期绕太阳运转;勒维烈根据计算结果,预言了海王星的存在;麦克斯韦由方程"推导出"电磁波的存在;爱因斯坦在狭义相对论中运用数学演绎方法导出了质能公式,预言了原子核裂变或者聚变时会产生巨大的能量;等等。

3. 为科学研究提供逻辑推理工具

推理过程的逻辑严谨性和结论的确定性是数学方法的基本特性。众所周知,数学中的命题、公式都要严格地从逻辑上加以证明后才能够确立,数学的推理必然遵循形式逻辑的基本法则,以保证从某一前提出发导出的结论在逻辑上是准确无误的。所以,运用数学方法从正确的前提或已知的量和关系出发推导出的一系列结论就具有逻辑上的可靠性。在科学研究中,数学方法作为一种强有力的逻辑推理工具,对于整理科学事实和构建科学理论体系都具有至关重要的作用。当一门科学积累了相当丰富的知识,需要按逻辑顺序加以综合整理,使之系统化、抽象化、理论化时,数学方法就是一种行之有效的方法。牛顿的《自然哲学的数学原理》、拉格朗日的分析力学、海森堡的矩阵力学等就是运用数学方法的逻辑严谨性构造科学理论体系的典范。

总之,离开数学方法,科学技术的发展将是不可思议的。

三、公理化方法

所谓公理化方法,就是从尽可能少的基本概念、公理、公式出发,运用逻辑规则推导出一系列的命题和定理,从而建立整个理论体系的一种方法。从本质上讲,公理化方法属于数学方法的一种。

公理化方法起源于古希腊,欧几里得几何学体系就是运用公理化方法构建起来的。欧几里得在《几何原本》中以23个定义、5个公设和5条公理为出发点,推演出467个数学命题,将古代关于几何学的知识系统化为一个逻辑上非常完美和严谨的体系。科学史上,欧几里得的《几何原本》不仅奠基了几何学的基础,而且提供了用公理化方法构造理论体系的光辉典范,它对后来整个科学的发展都产生了深远的影响。正如大科学家爱因斯坦所说:"我们推崇古代希腊是西方科学的摇篮。在那里,世界第一次目睹了一个逻辑体系的奇迹,这个逻辑体系如此精密地一步一步推进,以至于它的每一个命题都是绝对不容置疑的——我这里说的就是欧几里得几何。推理的这种可赞叹的胜利,使人类理智获得了为取得以后的成就所必需的信心。如果欧几里得未能激起你少年时代的热情,那么你就不是一个天生的科学思想家。"①值得指出的是,正是由于《几何原本》最能代表人类的理性思维,并增强了人们对逻辑推理的正确性的信心,对整个科学的发展产生了决定性影响,因而它是人类历史上除《圣经》之外印刷量最多的著作。

伴随着近代科学的诞生和发展,公理化方法的应用很快从数学领域向其他科学领域扩展。牛顿在《自然哲学的数学原理》中就是运用公理化方法建构了历史上第一个完整的力学体系。拉格朗日在1788年出版的《分析力学》中,同样运用公理化方法使牛顿力学体系进一步抽象化、形式化。

20世纪以来,由于数理逻辑的发展,公理化方法本身被列为数理逻辑所研究的一个重要课题,从而推动了人们从逻辑学和数学两方面深入探讨公理化方法,促进了它的进一步发展。

德国著名数学家希尔伯特通过对公理化方法的长期细致的研究,得出了如下结论:构造公理体系,引进公理和公设,必须具备三个条件:(1)无矛盾性,也叫协调性、相容性。即以引进的公理或公设作为演绎推理的出发点,无论推理到哪一步,都不允许得出命题"A"与"非A"同时成立的相互矛盾的结论。(2)独立性。它要求公理体系中的公理和公设都有独立存在的必要,决不允许有些公理和公设可由其他公理或公设用逻辑规则推导出来。这就是说,在任何公理体系中,公理或公设的数目必须是建立该公理体系所要求的最低限度,不容许出现任何多余的公理和公设。(3)完备性,也叫充分性。它要求满足公理体系的对象不能再加以扩充,已经组成了最广义的集合,不必再添加新的元素。只有达到这三个基本要求,公理体系才是令人满意的。不过应当指出的是,对于一个较为复杂的公理体系来说,要逐一验证这三个条件是相当困难的。

公理化方法在科学研究中的重要作用主要表现在,它是在科学积累了丰富的经验材料和理论成果的基础上使科学知识体系化,建立科学理论体系的重要方法。纵观科学史,许多自然科学学科和理论都是运用公理化方法构建起来的。此外,公理化方法也是从理论上探索事物发展的逻辑规律,做出新的发现和科学预见的一种重要方法。这是因为,事物的运动和发展本质上是遵循一定的客观规律、符合一定的逻辑法则的,所以,只要根据一定的客观规律,遵循一定的逻辑规则进行推理,就可以发现在感性认识阶段所不能发现和尚未发现的

① 许良英,赵中立,张宣三:《爱因斯坦文集》(第1卷),商务印书馆,2010年,第445页。

新知识。例如,对欧氏几何公理体系的研究最终导致非欧几何的产生。

当然,公理化方法和其他方法一样也存在着自身的局限性。这种局限性可通过它所构造的公理体系的不完全性,以及公理体系的无矛盾性不可能在本体系内得到证明而表现出来。1931 年,奥地利数理逻辑学家哥尔德证明了一条形式体系不完全性定理。他指出,即使是像算术或包括算术在内的任何公理体系,如果它是无矛盾的,那么它一定是不完全的。就是说,任何形式体系必定存在一个显然是真的命题 A,它既不能从本体系的公理推出,又不能否证。换言之,公理化体系一定会遗漏了某些定理,因为这个公理体系本身是不完全的。此外,哥尔德还指出,算术或包括算术的体系,它的无矛盾性都不能用本体系内所建立的逻辑工具来证明。这说明,人们不可能从几条逻辑推理推导出全部数学知识和其他科学知识,一个理论的真理性是不能在这个理论本身的领域内来解决的。

第四章　科学技术与社会

科学技术从来就不是与社会隔绝的、游离在社会之外的，它始终与社会发生着相互作用、相互影响的关系。这种相互作用和相互影响的关系，具体表现在科学技术社会化、社会科学技术化和科学技术与社会一体化三个方面。研究科学技术的社会运行，离不开对科学技术研究的主体——科学家的研究。科学技术在建制化之后，科学家和技术专家就不再是单枪匹马地行动了，他们结成了一个个的团体——科学、技术共同体。然而，科学家和技术专家们并不是完全平等的，他们之间存在着身份、声望、地位等社会分层。科学共同体的成员们遵循着“科学的规范结构”来约束自己的行为、开展自己的工作。科学技术共同体研究活动的结果，便是科学技术社会运行结果和轨迹的逻辑曲线。

第一节　科学技术与社会一体化

科学技术社会化与社会科学技术化，其实是“同一枚硬币”的两个方面。也就是说，在科学技术社会化的过程中，同时也发生着社会科学技术化的过程。为了更清楚地看清这个过程，暂时把它们分开来考察。

一、科学技术社会化

科学技术社会化，是指在科学技术与社会相互作用、相互影响的过程中，由于受到社会的作用和渗透，科学技术的某些方面呈现出社会的属性和特征的过程或结果。科学技术的社会化，是科学技术与社会相互作用、影响和渗透的一个方面。

以往，人们通常仅仅把科学技术尤其是科学看作是一种知识体系，而且是游离于社会之外的知识体系。然而，这种观念只是体现了“科学作为社会发展的一般精神成果”①。随着科学技术的发展，人们逐渐认识到，科学技术不仅是一种智力活动，也是一种社会活动。而且，对于 STS（Science and Technology Studies）来说，科学技术首先应该被看作是一种“社会活动”。“对科学技术的人文社会研究（STS）开始于这样一个假设，即科学和技术是彻头彻尾的社会活动。”②人们逐渐认识到，科学技术是社会的科学技术，社会是科学技术的社会。科学技术的社会化主要从以下四个方面表现出来：科学成为一种社会建制；科学从“小科学”转变为“大科学”；科学技术产业化和科学知识商业化；科学技术与教育、经济、社会一体化。

（一）科学成为一种社会建制

从文化人类学的角度看，科学作为一种社会事业而在人类舞台上出现，是非常晚近的事。它经历了一个从无到有、从小到大的发展过程。

贝尔纳认为，科学本身是一个“形相繁复、参证错综”的概念，而科学的第一个“形相”便是“科学可作为一种建制”或“体制”。③ 所谓科学的社会建制，是指科学成为社会构成中一个相对独立的部类或系统的一种社会现象。建制化之

---

① 中共中央马克思、恩格斯、列宁、斯大林著作编译局：《马克思恩格斯全集》（第 49 卷），人民出版社，1982 年，第 115 页。

② Sismondo S. An Introduction to Science and Technology Studies(2nd ed.). Wiley-Blackwell, 2010.

③ ［英］J. D. 贝尔纳：《历史上的科学》，伍况甫，等译，科学出版社，1959 年，第 6 页。

后的科学,与军事、经济、宗教和政府等其他社会部类一样,成为社会不可或缺的一部分。建制化之后的科学体现着社会的特征。换言之,建制化之后的科学,开始被人们认为不再纯粹、不再单一、不再理想化。

1. 科学家成为一种职业,是科学成为一种社会建制的标志之一

自科学在古希腊时期萌芽至19世纪,从事科学研究的工作者(所谓的科学家)均被称为"自然哲学家"(Natural Philosopher),因为他们的工作被认为是对自然的哲学研究。英国著名的科学史和科学哲学家威廉·惠威尔,在英国科学促进会的一次演讲中提出,应该仿效"艺术家"(Artist),在Science后面加上"-ist"词缀,用以指称那些"培植科学的人"。在这一漫长时期内,这些自然哲学家们大多将科学研究看作自娱自乐的消遣方式,或者是显示身份、体现智力水平的标志和游戏。或者说,从事诸如星象观测、日月交替、星辰变换、四季更迭等自然现象的观察,找出自然现象背后的规律性,发现自然界的奥秘,是他们把自己和周围其他人区分开来的一个重要标志。而从事技术工作的工匠们(技术专家的前身)之所以从事某一行业,多半是因为生计或者是家庭承袭。他们没有闲暇时间去做那些无聊的仰天俯地、体察入微的事情。对他们来讲,养家糊口和提升技艺是首要任务。

在漫长的中世纪,僧侣成了文字产品的保管者。"僧侣们的生活优于工匠而且更受人尊敬,因而能吸引最有才智的人。对生活有保障、毋需(无须)关心世俗之事的人来说,神学和形而上学是一种游戏,就像科学那样的有趣。"①天文学,这一颇具悠久历史的学科,最初的从业者就是僧侣。因而,贝尔纳总结说,作为一种机构的科学事业,是在寺院(修道院)的天文观察中所诞生的。至于整个中世纪,科学的保管、解释和传播无不是牢牢地把持在僧侣的手中。也正是在这种"混沌"的状态之中,孕育了"科学家"这一社会角色。

如果说在希腊时期,曾有科学家角色分化的迹象,但总的来看还是被笼罩在僧侣和哲学家角色的光环之中,那么,12世纪中期以后一批与教会学校精神有别的大学的出现,又为科学家角色的分化注入了新的动力。而"十七世纪标志着业余科学家到专业科学家的过渡"②,在此后的一段时期内,一批极具聪明才智并对科学有着强烈兴趣的人物——如波义耳、哈雷、莱布尼兹、卡文迪许、拉普拉斯、拉瓦锡和拉马克等——都被科学事业所吸引而献身科学。并且,随着学科分支的越来越细,门类越来越全,各种各样的、分门别类的专业科学家也

---

① [英]J. D. 贝尔纳:《科学的社会功能》,陈体芳译,商务印书馆,1982年,第82页。

② 同①,第62页。

慢慢地产生了。

尽管这种具有自我献身精神的角色出现了，但这些角色是否能够被人接受和长期地存在下去，还是一个非常严重的社会问题。也就是说，这一角色必须被社会所认同和被人们所认可需要从两方面来实现：一方面，科学家这一角色必须表现出其自身存在的理由，即它所具有的社会功能；另一方面，主流社会必须对这一角色的合法地位予以肯定。而17世纪一批皇家学院和学会的成立，显然完成了后一方面即社会应该完成的工作。

2. 科学研究成为一种有组织的集体活动，是科学成为一种社会建制的第二个标志

自从科学萌芽以来，科学家的工作大多是“单干”完成的。从最初的个人的“玄思”到近代科学简单的实验，似乎没有必要要求科学家们在一起共同工作。因而，在科学建制化之前，科学家们似乎都是离群索居的，科学研究活动也大多是科学家们独立完成的。较有代表性的如第谷·布拉赫的长达20年的独立观察和卡文迪许的“过分腼腆和怯于交往”。卡文迪许被认为是牛顿以后英国最伟大的科学家之一，由他捐赠的剑桥大学卡文迪许实验室培养出诺贝尔奖获得者近30人，享有“诺贝尔奖的摇篮”之盛誉。然而据说他鲜有社交，从不当众发表宏论，一生仅发表寥寥数篇文章。

然而，随着社会和科学自身的发展，科学越来越多地进入了人们的视界。到17世纪的时候，对科学感兴趣的人越来越多。默顿在《十七世纪英格兰的科学、技术与社会》中做过计量分析，在该时期，教士和神学家的声望和人数分布越来越低，而与此形成鲜明对比的是科学家的声望和人数的节节攀升。“科学变得时髦起来，也就是说，它得到了人们的高度赞许。”[①]在这种社会氛围下，吸引大批青年才俊就变得自然而然了。而当长期活动于科学范围内的人数和长期的科学兴趣点达到一定程度之后，科学组织便应运而生了。科学的社会形象，就是从这些由科学家创建的科学学会所组成的一个个特殊的小社会开始的。

近代历史上最早成立的一个自然科学的学术组织，是1560年意大利的“自然秘密研究会”，其后是林琴学院和齐曼托学院。这些具有民间性质的“无形学院”[②]（Invisible College）规模不大，人数最多时也不过二三十人。但它聚集的，

① ［美］R. K. 默顿：《十七世纪英格兰的科学、技术与社会》，范岱年，等译，商务印书馆，2000年，第57－59页。

② 英国著名科学家波义耳在1646年左右提出该词，用来指谓后来成为英国皇家学会的前身的非正式群体。普赖斯（D. Price）在《小科学，大科学》中借用了这种说法，意指“那些从正式的学术组织中派生出来的非正式学术群体”。参见［美］黛安娜·克兰：《无形学院——知识在科学共同体中的扩散》，刘珺珺，等译，华夏出版社，1988年，第3－4页。

是那些对科学感兴趣的真正的研究人员。学院成员之间的沟通、讨论和合作，显然对科学研究的发展以及学术成果的交流和传播大有裨益。这些学术组织，虽然只是个体研究者交流研究成果的场所，但已经具有科学学会的性质。

科学家这一社会角色要想得以长期地存在下去，还必须得到主流社会的认同。而得到皇家许可证的科学学会，刚好满足这一条件。成立于1662年的英国皇家学会、1666年的巴黎科学院和1700年的柏林科学院，无疑是科学学会的科学研究活动得到政府重视和社会肯定的结果，而这种社会认同又反过来刺激了科学事业的发展壮大，尽管皇家学会真正给予科学家的实际优惠待遇少得可怜。

3．科学活动得到社会的支持，是科学成为一种社会建制的第三个标志

得到社会的支持资助，是科学成为一种社会建制的最根本、最关键的条件。在科学萌芽时期，科学活动的从业者大都是"有财有闲者或那些较旧职业里(的)小康分子"①，他们从事的极简单的所谓的科学活动，根本用不着别人或社会的资助。再加上科学从一开始并没有显示出真正的实际用途，王公贵族等"恩主们"也不会主动地对科学家慷慨解囊资以钱财。

回顾科学发展的历程，有一点非常清楚："任何活动领域，特别像科学这样具有其自身的不断前进的动力这样的领域，受到了鼓励，其发展就会比受到贬损时迅速得多。"②这一论点的正确性，完全可以从布罗姆利所认为的事件的因果关系上反映出来。在他看来，"记住这一点至关重要：(美国)在二十世纪九十年代早期在沙漠风暴(Desert Storm)中所运用的令世人瞩目的技术，就是源于在二十世纪六十年代早期我们对科学和技术的投资。(因而，)如果我们的军队想要在二十一世纪拥有世界一流的技术，对科学和技术进行相应的投资的时机就是现在"③。

如果说在17世纪以前，科学没有被社会所认同，一方面是由于科学自身发展尚不充分，另一方面是因为社会发展尚处于"内敛"发展特定阶段，那么，从17世纪开始，来自这两方面因素的日臻成熟和日趋变化的结果，无疑能够充分解释为什么在这个特定时期，社会肯对科学研究活动予以垂青和关注。

清教主义伦理无疑对科学在17世纪英格兰的迅速发展有着重大的贡献，即使不是决定性的贡献。而清教主义伦理中所强调的注重改造现世的"功利主

---

① [英]J. D. 贝尔纳：《历史上的科学》，伍况甫，等译，科学出版社，1959年，第7页。

② [美]R. K. 默顿：《十七世纪英格兰的科学、技术与社会》，范岱年，等译，商务印书馆，2000年，第116页。

③ Bromley D A. Science, Technology and Politics. Technology in Society, 2002, 24: 9－26.

义”思想,又无疑对当时的社会价值取向有着极其深刻的影响。在当时,新兴资产阶级对外扩张的欲望和国内生产市场的显著增长,使得“无论十七世纪的科学家如何全神贯注于个人的工作,他在那种巨大的经济增长面前都不可能无动于衷”①。采掘业、冶金业、交通运输业和军事的快速发展所带来的技术问题,迫切要求科学技术运用于和服务于世俗的需要,尽管这种需要是技术上的多于科学上的。总之,正如默顿所言,社会功利业已被用来认可科学,在这种情况下,科学被看作是技术的婢女。也正是在实际功用中,科学家这一角色展示出其自身存在的合法性。

尽管还缺少一部能够真实反映社会对于科学研究资助的翔实记录,但从社会强调解决某些具体技术问题的迫切性以及散见于文献中的个别科学家对经济利益强调的迫切性来看,当时社会对某些具体研究的经济资助应该是确凿无疑的。从丹麦国王于 1580 年为第谷斥巨资修建近代第一个真正的天文台,到 1657 年弗拉姆斯特德领取格林威治天文台的固定年俸,再到胡克对自己研究的经济利益毫不掩饰的浓厚兴趣,都无不反映出经济因素对科学研究的刺激作用,以及社会因素对科学发展的方向和速度的影响。尽管 17 世纪有着以上种种标志着科学建制化的事实,但这仅仅是科学建制化的具有倾向性的开端。随着时间矢量的推移,这种倾向性逐渐演化成了一股浪潮:社会对于科学事业的支持有增无减,科学事业对于社会的贡献日益增加,科学与社会的互动日渐强烈,并终于在 19 世纪完成了这一过程。

(二) 科学从“小科学”转变为“大科学”

“小科学”(Small Science),是指历史上那种传统的以增长人类知识为主要目的、以小规模(个人或小团体)的自由研究为主要特征的科学。与之相对应的是“大科学”(Big Science, Mega Science)。大科学这一概念,最初是由美国物理学家温伯格在 1961 年提出来的。后来,在《小科学,大科学》一书中,美国科学史家普赖斯详细阐述了这一概念。普赖斯指出,由于科学的规模巨大,社会对科学的投入巨大,使我们只能用“大科学”一词来称呼它。一般来讲,小科学与大科学以第二次世界大战为分水岭。在二战之前,绝大多数研究均可以被视为是小科学。相比较而言,小科学与大科学有以下几个方面的明显差异:

第一,小科学主要是个人的研究,而大科学则是高度社会化的产物。以往的科学研究,要么是自娱自乐式的、要么是单枪匹马式的以个人为主的研究。

---

① [美]R. K. 默顿:《十七世纪英格兰的科学、技术与社会》,范岱年,等译,商务印书馆,2000 年,第 185 页。

大科学时代的科学研究，则是大规模的高度社会化的社会活动。与小科学相比，大科学时代的研究已经远远脱离了散兵游勇式和单枪匹马式的个人劳动，而成为一种多方合作的研究方式。例如，为了完成曼哈顿计划(Manhattan Project)，美国政府先后动用了50多万人，有逾10万人的大批物理学家和技术人员参与其中，耗费22亿美元，占用了全国近1/3的电力，是一个典型的大科学研究的范例。

第二，小科学研究几乎不需要国家和政府资助，而大科学时代的研究需要更多的国家、甚至是国际社会的多方资助。例如，欧洲核子研究组织(CERN)的粒子加速器与对撞机——大型强子对撞器(LHC)，就是另一个典型的国际合作计划项目。它由全球85个国家中的多个大学与研究机构、超过8 000位物理学家共同合力出资合作兴建。这个预期建造总额高达80亿美元的庞然大物，从1995年开始建设到2008年9月试运转，显然不是一个或几个科学家所能够完成的。

第三，小科学是条块分割和分门别类的科学，而大科学则是科学技术一体化的科学，是系统化和整体化的科学。与小科学相比，当今的大科学研究，是与技术紧密结合在一起的科学，是科学的技术化和技术的科学化相结合的产物。现代科学的发展，很大程度上要依赖于技术为它提供的研究手段；现代技术的发展，很大程度上也要依赖于科学为它提供的理论基础。今天，假如要在科学和技术之间划出一条泾渭分明的界限将是非常困难的一件事，如人类基因图谱研究。同时，由于现代科学技术不断向社会科学渗透并广泛结合，从而形成了一批在自然科学、技术科学和社会科学之间的交叉学科、边缘学科和横断学科。

第四，小科学的研究主体具有明显的地域的限制，而大科学的研究主体则突破了这一点。与以往的小科学时代的科学家相比，大科学时代的科学家们依赖于与科学共同体其他成员的交流和合作。一般来说，大科学研究的合作主体主要有三个层次：科学家个人之间的合作、科研机构或大学之间的合作和政府之间的合作。这些科学家的交流和流动，无疑对科学知识的流动和科学精神的传播和扩散，对科学事业和社会文化的发展和壮大，都极具裨益。

第五，小科学一般是自由研究，而大科学则是定向研究。小科学时代的研究，一般都是研究者根据自己的兴趣爱好而开展的；而在大科学时代的研究课题，尤其是大学、企业间和政府、国家间合作的项目，都是“以任务为导向的研究”(Task-oriented Research)。在大科学时代，科学研究因为是由企业和政府资助的，科学家已经不能像在小科学时代那样，凭借自己的兴趣进行自由研究了。

相反,他们必须以明确的课题为指导,围绕着课题开展卓有成效的工作。美国“阿波罗工程”(Apollo Project)是20世纪另一个大科学的典型代表。它计划在1969年7月20日把第一批宇航员送上月球。为了实现这个计划,美国政府共花费255亿美元,历时11年,有2万家企业、200多所大学和80多个科研机构,总人数超40万的科学家、技术员和工人参与到计划当中。

随着科学技术从小科学到大科学的转变,越来越多的国际合作和交流的项目涌现出来,比较突出的如全球变化研究计划(GCRP)、人类基因组计划(HGP)和国际空间站(ISS)等研究,它们不仅深刻地影响着人们的物质生活和精神生活,也深刻地影响和改造着社会生活的方方面面。然而,并不能由此得出“大科学比小科学重要”的结论。事实上,有些小科学研究,例如伽罗华理论、狭义相对论等,也具有同样甚至更深远的意义。

(三) 科学技术产业化和科学知识商业化

科学技术产业化,是指科学技术发展壮大到被社会所普遍承认的规模程度,从而成为国民经济中一个重要组成部分的过程和结果。

科学技术产业化主要有两方面的特征:

首先,科学技术产业化不仅表现为新的科学技术成果会导致新的社会产业的形成,而且表现为会导致生产体系组织结构和经济结构的飞跃变化即产业革命。迄今为止,已经发生了三次科学革命和三次技术革命。与这三次科学、技术革命相对应,迄今也有三次产业革命。“产业革命”(Industrial Revolution)是恩格斯在1845年出版的《英国工人阶级状况》一书中首先使用的。产业革命既是生产技术的巨大革命,也是社会关系的深刻变革。它不是指某个局部,而是指全局性和整体的变化;它不是生产技术应用到某一方面所引起的飞跃,而是整个生产过程、环节、体系的飞跃变化;它不仅仅是工业而且是包括农业、交通运输在内的整个社会经济关系的变化。

由于资产阶级统治在英国的确立,圈地运动使大批农民成为雇佣劳动力,奴隶贸易和殖民掠夺带来大量资本,特别是由于工场手工业时期积累了大量的生产技术和科学知识等因素的作用,第一次产业革命便应运而生了。第一次产业革命从18世纪中叶瓦特改良蒸汽机之后,由一系列技术革命引起了从手工劳动向机器大生产转变的重大飞跃。之后,革命的成果传播到英格兰至整个欧洲大陆,19世纪传播到北美地区,纺织业、采矿业、冶金业、机械制造业和交通运输业等新兴产业迅速崛起,人类社会进入“蒸汽时代”。19世纪六七十年代资本主义制度在世界范围内确立,资本主义世界市场初步形成,大量资本的掠夺和积累,特别是第一次工业革命以来科学技术的不断进步和自然科学的巨大发展,又为第二次工业革命积累了经验。第二次产业革命开始于19世纪70年代,电力技术的广泛使用,改善了生产和生活条件;汽车和飞机的问世,缩短了人们旅行的时间,使人们的出行更加方便;电话和无线电报的发明,加强了世界的联系。这次工业革命使人类进入"电气时代",电子工业、电器工业、材料工业、电信工业和交通运输业等新兴产业迅速崛起。二战后,世界局势的相对稳定,世界各国发展的需求,尤其是电子科学理论出现突破,第三次产业革命便从20世纪四五十年代开始了。第三次产业革命促进了电子材料工业、家用电器工业、机电一体化、计算机工业及石油化工、核工业等新兴产业的兴起。目前,第三次产业革命方兴未艾。但从20世纪70年代开始,它呈现出新的发展势头和发展方向。高技术(High Technology)的兴起和发展,引发了光电子信息技术产业群、生物技术产业群、海洋开发产业群、宇宙开发产业群等新兴产业群的兴起。也有学者把这次由高技术引发的产业革命称为第四次产业革命。

其次,科学技术的产业化表现为科学技术自身已经形成一门独立的产业。科学技术发展到今天,其规模已被社会所普遍认可,其本身已经成为国民经济中的一个重要部门和衡量国家综合实力的一个重要指标。科学知识产品已成为商品进入流通领域,技术贸易已成为国际贸易的重要组成部分。在今天这个知识社会(知识社会是以知识为基础的社会)里,其重要性尤为明显。1996年经济合作和发展组织(OECD)的研究表明,OECD的经济越来越建立在知识和信息的基础之上。"现在,知识被认为是生产力和经济发展的驱动力量。"①并且强调,OECD各成员国的科学技术政策,都要致力于在"以知识为基础的经济"中,最大限度地发挥和保持良好的状态。② 从20世纪中叶起,就有学者敏锐地意识到工业经济向知识经济、工业社会向知识社会转变的趋势。1966年,莱恩最先提出"知识社会"这个概念。1973年,贝尔在《后工业社会的来临》中指出,后工业社会是围绕知识组织起来的,理论知识的积累与传播是后工业社会革新和变革的主要力量。他指出,"后工业社会"与以制造业为核心的工业社会不同,它是以科学技术知识为核心的"知识社会"。他认为,未来社会是以智力为中轴的"智力社会"。在智力社会里,科学技术知识是社会的轴心因素和支配力量,掌握着科学技术知识的大学、研究机构和知识部门,将是社会的中轴结构。奈斯比特在《大趋势》中,进一步概括了知识社会的四个特征:(1)起决定

① Organization for Economic Co-operation and Development, 1996. The Knowledge-based Economy. 3.

② Ibid, 8.

作用的生产要素不是资本，而是信息知识；（2）价值的增长不再通过劳动，而是通过知识；（3）人们关注的不是过去和现在，而是将来；（4）信息社会是诉讼密集的社会。1993年，现代管理学之父德鲁克在《后资本主义社会》一书中也提出，人类正在进入知识社会，并认为，知识社会是一个以知识为核心的社会，“智力资本”已成为企业最重要的资源，受过教育的人将成为社会的主流。现实情况确实如此，据OECD 1996年的报告指出，“现在，在OECD主要成员国中，据估计，国内生产总值(GDP)中超过50%的份额都是以知识为基础的经济。”①

科学知识商业化是科学技术产业化的主要标志和重要途径。

科学知识商业化，是指以生产知识产品为手段、以营利为主要目的的活动和行为，或者是利用知识从事营利性活动的精神气质和价值取向。以申请专利或成立新公司为代表，具有公共性质的产品开始沦为普通商品并开始被私人占有，因此，商业化内在地蕴含着私有化。②

美国在科学知识商业化方面领先一步，成效显著。《贝-道尔法案》出台以后，学院科学的专利申请、专利授权和新成立公司的数量均明显提高。伴随着法案的实施，“美国专利和商标局仅授予大学的专利数就突飞猛涨，由此前每年约250项猛增到1993年的约1 600项……据高校技术经理人联盟(AUTM)最近的统计，仅2000年，大学就被授予了超过3 000项国内专利”。与此同时，学院科学研究转化能力不足的问题也得以扭转。此前，“联邦政府大约拥有28 000项专利，但只有5%的专利被授权给企业用以商业开发”。而“在1999年财政年度，AUTM称已达成了近4 000项的专利授权协议。2000年又有约4 300项协议。……仅2000年，就有约450家新公司成立”。③ 在1980年至2003年间，高校共成立了4 081家新公司。其次，《贝-道尔法案》使得大学和研究者经济上直接受益。研究表明，拥有更多专利的大学，容易吸引企业更多的关注，也会因此得到更多的企业资助或联合研究，也会为学生提供更多的实习和就业的机会。通过专利授权和成立公司，大学则会直接获得经济上的回报。而通过“三分之一红利归个人，三分之一归高校，三分之一归院系”的分配方案，那些成功从事商业化活动的科学家个人在经济上会获利颇丰。最后，知识商业化使整个社会受益颇多。其社会效益具体表现在：创造了更多的经济价值；创造了更多

---

① Organization for Economic Co - operation and Development, 1996. The Knowledge - based Economy. 9.

② 文剑英：《知识的商业化》，《自然辩证法研究》，2015年第3期。

③ Jennifer Henderson, John Smith. Academia, Industry and the Bayh - Dole Act: An Implied Duty to Commercialize. In White Paper, CIMIT, Harvard University, Oct, 2002.

的就业机会;制造了更多的实用产品。据统计,截至2000年,技术转移活动为美国衍生了可观的经济效益,“为美国经济带来了约400亿美元的经济收入”;“从1980至1999年,美国高校新成立的公司为社会提供了28万个工作岗位,平均每成立一个新公司就会有83个就业机会”,而且“更重要的是,由公共财政支持的科学研究,从研究创新到公众使用之间变得更快、更高效。自该法案实施以来,市场上已有的诸如此类的产品,已经超过了1 000种之多”。

美国在知识商业化上取得的巨大成功,使得《贝-道尔法案》成为很多国家和地区竞相效仿“基准模型”。英国率先在20世纪80年代初,加入学院科学研究的商业化运动,随后荷兰、北欧国家和南欧的意大利等国,也相继加入。

科学知识商业化的出现,对科学知识的传统构成挑战,值得引起注意。自1980年起,从美国开始,学院科学研究发生了一系列重大改变,知识的商业化初露端倪。其一,知识生产上的差异。学院科学研究生产的动机就是知识本身,除此之外没有其他更多的要求;而在知识商业化时代,在获得知识的同时,知识生产者还想获得利润,甚或说,生产知识只是达到自己目的的工具而已。在知识的生产方式上,学院科学研究是“以兴趣为导向”的个人研究,每个人只在自己感兴趣的专业领域内开展工作,研究者与研究者之间的联系是松散的;而在知识商业化时代则是“以任务为导向”的集体研究,解决实际问题成了迫在眉睫的任务,跨学科的研究者不得不集中在一起形成“课题小组”。用吉本斯等人的话说,出现了新的知识生产方式——“Mode 2”。① 其二,知识传播上的差异。与以往学院科学研究不同,从事知识商业化的科学家不再把自己的研究结果公开发表、不再跟同行进行公开交流,相反,他们申请专利进行知识产权保护,防止知识的扩散。在遵守“不发表、无专利,就没戏”(Publish, Patent or Perish)的基础上,知识商业化时代的科学家同时信奉“有专利,就有利”(Patent and Prosper)的规则。由于受到不同企业的资助,甚至同一学院的科学家或相邻实验室的研究者不知道对方在做什么、做到了哪种程度。其三,知识转移上的差异。与学院科学家不同,从事知识商业化的科学家不再仅仅遵循默顿规范,不再把知识的生产作为全部,也不再漠视知识如何被传播、如何被转移。现在,他们身上还渗透着企业家的“冒险精神”和“商业气质”,他们已经认识到知识的技术转移对社会的重要性,开始积极主动地投身于知识的技术转移。

---

① Michael Gibbons, Camille Limoges, Helga Nowotny, et al. The New Production of Knowledge. London, Thousand Oaks, New Delhi: Sage Publication, 1994: vii.

（四）科学技术与教育、经济、社会一体化

一体化，是指多个原来相互独立的实体通过某种方式逐步结合成为一个更大、更具包容性实体的过程。科学技术与教育、经济、政治等之间，也经历了一个从原先相互独立到逐步结合在一起的过程。

在科学技术建制化之前，科学技术与教育、经济和政治之间，基本上处于不相干的状态。科学保留在有闲有钱者和寺院僧侣的手中，技术则在手工业作坊里薪火相继，几乎不和其他的社会建制发生关系。进入19世纪后，随着科学的建制化在一些国家的完成，科学技术开始与其他建制互动起来。有两个方面的特征很能说明这个问题：一是科学研究彻底进入大学，大学成了科学家进行科学研究的第二个特定的社会圈子。[①] 二是科学研究进入企业，企业纷纷成立工业研究实验室，工业研究实验室成为科学家进行科学研究的第三个特定的社会圈子。

19世纪，这两个方面的特征都率先在德国出现。为了发展经济，德国在这个时期非常重视高等教育，重视科学和技术在国家和社会发展中的作用。1808年，德国著名的哲学家、语言学家洪堡被任命为普鲁士教育部长，开始着手对德国的高等教育进行改革。1809年柏林大学成立，1810年正式开学。它是一所以全新面貌出现的大学，此后不仅成为德国其他大学、也成为世界其他大学仿效的样板。洪堡改革最基本的两条原则之一就是：教学与科研相结合的原则。同时，在柏林大学成立研究所、推行教学资格评审制度和组建教学实验室。这样，大学里的绝大部分老师就既是老师又是科学家，使得科学研究不再是一种口头上的倡导，而是成为教授和学生都必须承担的职责。教学和科研也就在这里得到了统一。这样做的一个直接结果，是科学家不再仅仅局限于国家科学院，而是扩散到每个大学。这样科学家的人数一下就增加了很多倍。因为一个国家只有一个国家科学院，而大学有很多。结果，科学家人数增多了，科学研究开始红火了，科学事业开始繁荣了。科学技术和教育结合起来了。

世界上第一个直接设置在企业内部的实验室，是由法国化学家拉瓦锡在任硝石火药厂总监后于1775年在炮兵工厂设立的。在此后的125年间，先后有12家工业实验室成立，其中德国有7家。德国工业研究实验室的兴起，开始于化学家霍夫曼的示范。霍夫曼受英国化学家柏琴发明人工合成染料的启发，创

---

① 一般认为，在科学开始建制化之后，"英国皇家学会""巴黎科学院"等组织的创立，成为科学家们进行科学研究的第一个特定的圈子。科学家们可以在其中开展学术交流，做学术报告和演示自己的学术成果等活动。科学研究活动开始成为一种特殊的有组织的社会活动。

办了一个大学实验室，专门从事人工合成染料的研究和开发工作，一旦研究成功马上就把它产品化和商品化，从而获得了巨大的利润。他利用科学技术迅速赢利的做法，在当时的德国起到了示范作用，许多企业纷纷仿效成立工业研究实验室，企业家纷纷聘请科学家和研究生在其中工作。这样，工业实验室慢慢地就成为科学家进行科学研究活动的第三个特定的社会圈子。科学技术和经济结合起来了。

国家政府真正参与企业的经济运作也是在19世纪，这一功能的实现，伴随着从重商资本主义向工业资本主义转变的实现；国家开始重视与大学保持经常性的关系也是始于这一时期，其明显标志是国家科学机构的成立，如1863年的美国国家科学院（NAS）。随着社会的发展，科学技术与教育、经济和社会的交往日渐密切。今天，为了处理它们之间的关系，为了加强对科学技术的管理和最大限度地发挥科学技术的社会功效，越来越多的国家开始成立国家机构——如我国的“科学技术部”——对科学技术进行管理。那种国家政治和科学技术毫不相干的局面一去不复返了。现代大学从根本上改变了传统教育中科研和生产脱节的状况；现代企业已发展成为以科技为先导，以人才为基础，以产品为支柱，以市场为导向的科技生产经营型主体；现代国家和政府则越来越多地充当起了大学和企业合作的推动者的角色。[①] 科学技术和教育、经济、政治一体化的趋势越来越明显了。

二、社会科学技术化

社会科学技术化，是指在社会与科学技术相互作用、相互影响的过程中，由于受到科学技术的作用和渗透，社会的某些方面呈现出科学技术的属性和特征的过程或结果。社会的科学技术化，是科学技术与社会相互作用、影响和渗透的另一个方面。

随着20世纪新的科学技术革命，尤其是生物技术和信息技术革命的展开，科学技术目前正以空前的速度渗透到社会生产和社会生活的方方面面。这个过程，不仅引起社会的生产结构、经济结构和社会结构的深刻变革，而且引起人们的生活方式、行为模式、思维方法、伦理道德、价值观念和世界观等诸多方面的巨大而深刻的变化。社会的科学技术化，主要表现在以下两个方面。

---

① Etzkowitz H. Leydesdorff L. The Dynamics of Innovation: From National Systems and “Mode 2” to a Triple Helix of University-industry-government Relations. Research Policy, 2000, 29: 109 - 123.

（一）科学技术成为第一生产力

现代科学技术在社会运行过程中，需要大量的社会资源作为其运行的基础。但同时，科学技术也展现出巨大的社会价值和社会功效。最明显的莫过于科学技术成为第一生产力这一事实。

关于对科学技术的社会价值的认识，马克思曾精辟地指出，要“把科学首先看成是历史的有力的杠杆，看成是最高意义上的革命力量”①。马克思“科学是生产力”的思想，正确地揭示了科学的生产力性质；透彻地分析了科学在生产力中的地位和作用，为我们深刻理解科学的社会功效提供了一个理论指导。1988年邓小平同志指出，“马克思说过，科学技术是生产力，事实证明这话讲得很对。依我看，科学技术是第一生产力”②。他多次强调，要把“科学技术是第一生产力”的理论和社会主义的实践紧密结合起来，进一步丰富科学技术是生产力的思想内涵，揭示了科学技术在生产力中的作用。

科学技术是第一生产力，是指生产者的智力因素，或者说劳动者的科技素质，在生产力中处于主导地位。我们知道，劳动者是生产力中最积极、最活跃的因素。但劳动者的素质和能力不仅取决于劳动者的体力，更取决于劳动者智力的高低。能够把科学技术内化为自己智力因素的劳动者，其劳动力结构就会从体力型向智力型发展，就会从一个单纯的体力劳动者转变为一个脑力劳动者。在一些发达国家，这一状况早已形成。今天，在以知识为基础的知识经济社会中，这一论断的正确性尤为明显。科学技术是第一生产力，是社会科学技术化的最重要的标志。

（二）社会生产和社会生活的科学技术化

原始社会里，社会生产完全依靠人的体能来实现。那时候的社会生活是原始人依靠自己的本能力图把自己同其他动物分开。在奴隶和封建社会里，社会生产开始使用牲畜，社会生活则主要依靠人们的经验。在资本主义社会里，机械能取代了生物体能，科学技术开始在社会生活中占据越来越大的空间。正如马克思和恩格斯在《共产党宣言》中所指出的那样，“资产阶级在它的不到一百年的阶级统治中所创造的生产力，比过去一切世代创造的全部生产力还要多还要大”③。而如此巨大的生产力，靠的就是机器的采用、化学在工业和农业中的

---

① 中共中央马克思、恩格斯、列宁、斯大林著作编译局：《马克思恩格斯全集》（第19卷），人民出版社，1963年，第373页。

② 邓小平：《邓小平文选》（第3卷），人民出版社，1994年，第274页。

③ 中共中央马克思、恩格斯、列宁、斯大林著作编译局：《马克思恩格斯选集》（第1卷），人民出版社，1972年，第256页。

应用、铁路的通行、电报的使用、电力机车的使用等等,这一切都是科学技术的成果。由于科学技术的作用,生产力发展的速度迅速加快。有资料显示,仅在1870—1890年的20年间,世界工业生产总值就增加了2.2倍。

进入20世纪以来,科学技术和社会生产之间的互动又发生了深刻的变化。首先,科学技术进步在国民经济增长的比重中迅速增大。在20世纪初,科学技术在国民经济增长中的比重仅为5%~10%。而到了20世纪下半叶,科学技术进步的比重在发展中国家平均为35%~50%;在发达国家平均为49%,甚至高达60%~70%。分析表明,这个时期的经济增长已经从人力、物力和资金的投入转移到科技进步上来了。其次,物化在产品中的科学技术含量迅速增高。统计资料表明,第二次世界大战以后,产品中的科学技术含量每10年增长10倍。再次,高科技产业的比重在产业结构中逐渐上升。科学技术的发展日益改变着社会各种产业的结构比例,第一产业和第二产业的比重日渐减少。在美国、英国和日本等发达国家,第三产业所占的比重已经达到50%以上。

与此同时,现代科学技术在向社会生产渗透的同时,也日益渗透和改变着人们的社会生活。人们的社会生活可以从两方面表现出来:一是物质生活,一是精神生活。物质生活主要是指人们在衣食住行等方面的基本需求及其满足。这些能够满足人们基本生存需要的方方面面,没有一样能够离开科学技术。例如,我们开展了“绿色革命”和“蓝色革命”来满足人们的衣、食方面的需要;我们开展了基因工程和生物医药技术,促进了人类身体的健康;航空航天技术、移动通信技术和信息高速公路的建设也使人类的住、行和交往现代化了。这些科学技术,正在不断地改变人们之间的联系和交往方式。社会物质生活在科学技术化的同时,社会精神生活也在不断地发生着科学技术化的巨大变化。社会精神生活的科学技术化,是指科学技术知识、科学方法、科学信念、科学思想和科学精神等科学技术的属性和特征,慢慢地渗透和体现在社会精神生活中的过程和结果。对于科学家来说,他们从事科学研究,本身就是一种精神上的满足和享受。他们在科学探索的过程中,就会体验到自我实现的乐趣。而科学家们身上所具有的那种求实、求真的科学精神和科学方法,也会慢慢地渗透到社会当中。久而久之,就会为广大公众所理解、接受,并渐渐地吸收到自己的世界观当中,内化为自己的行为方式。当人们将科学的思维方法和生活方式运用于自己的生活当中时,精神生活就会更富于创造性,更加充满生机和活力。

科学技术社会化和社会科学技术化的直接结果,就是科学技术和社会的一体化。在这个过程中,科学技术将会融入社会的方方面面;社会也将渗透到科学技术的角角落落。也就是说,科学技术和社会之间的关系,将会越来越紧密,越来越难分彼此。它们当中的每一个自身的存在,都以对方的存在为前提和条件;同时,它们当中每一个自身的存在,又都为对方的发展提供了机会和帮助。从而在我们面前,展现了一个立体的、全方位的和多层次的科学技术与社会的统一体。

第二节　科学共同体及其规范

在科学技术建制化的过程中,科学家和技术专家结成了一个个科学技术的研究组织和社会团体。这些学术组织、研究组织或"社会圈子"的成立及其运转,构成科学技术社会运行很重要的一个方面。因而,研究科学共同体、科学共同体的社会分层和科学共同体的规范结构,对于更好地理解科学技术及其社会运行,具有基础性的意义。

一、科学共同体

科学技术活动的开展,离不开科学技术活动的主体——科学共同体。科学共同体(Scientific Community)这个概念,最初是由英国物理化学家和科学哲学家波拉尼,在其1942年的论文《科学的自治》中提出来的。在与分子生物学家和科学学家贝尔纳的论战中,波拉尼抨击了由政府和社会来计划科学的观点,坚决主张学术自由和科学自由。波拉尼认为,"今天的科学家不能孤立地实践他的使命,他必须在各种体制的结构中占据一个确定的位置。一个化学家或者一个心理学家,没有一个人不属于专门化了的科学家的一个特定集团。科学家的这些不同的集团共同形成了科学共同体"①。经过研究,默顿总结道,这个概念自20世纪40年代初提出以来,经50年代爱德华・希尔斯对这个概念的发展,到60年代,它便成了科学社会学的基本概念。

而该概念在20世纪60年代的流行,离不开库恩的功劳。1962年,库恩在《科学革命的结构》中,提出了一个极具影响的概念——范式(Paradigm),并把科学共同体和范式两个概念联系起来加以考察。他指出:"'范式'一词无论在实际上还是在逻辑上,都很接近于'科学共同体'这个词。一种范式,也仅仅是一个科学共同体成员所共有的东西。反过来说,也正由于他们掌握了共有的范

---

① 转引自陈其荣:《当代科学技术哲学导论》,复旦大学出版社,2006年,第459页。

式才组成了这个科学共同体。”①

在社会学当中，“共同体”(Community)通常指社区，并且通常在地域性和关系性两种不同的意义上加以使用。也就是说，共同体既可以指一定地域范围内的人群，也可以指具有某种特定社会关系的社会群体。在科学社会学中，科学共同体更多地是指一种关系共同体而不是一种地域性的群体，更强调科学共同体是由某种特殊的关系构成的社会群体。默顿认为，科学家这种共同体是分散的，而不是地理接触上的集合，对这个共同体的结构只依据科学家的狭小的地方群体是不能得到充分理解的。一般来说，科学共同体是没有国家界限的。它既可以指整个的科学界，也可以指科学界的某一部分，如物理学家、化学家、天文学家、动物学家等的共同体。

科学共同体还是一个相当模糊的组织。在社会看来，整个科学界的所有科学家们就是一个科学共同体；在科学界内部看来，同一个学科的科学家才构成科学共同体；在学科内部看来，同一个专业的科学家结成一个科学共同体；而在同一个专业内部，有着相同或相近兴趣的科学家才结成科学共同体。例如，我们不仅可以把物理学家、化学家叫作不同的科学共同体，还可以在物理学之内分出理论力学、电动力学、热力学与统计物理学和量子力学等小的科学共同体。更进一步，还可以在它们内部划分出更细致的科学共同体。因此，一个学科构成一个学科共同体，在某一学科的内部，又有很多共同体的分支。例如在生命科学内部，又可以分为遗传学共同体、分子遗传学共同体、生物化学共同体、细胞生物学共同体和生态学共同体等。在这个意义上，库恩把这种借以划分科学共同体的专业称为“专业母体”(Disciplinary Matrix)②，来说明在专业内部，沟通交流比较方便；而在不同的专业之间，却存在沟通困难甚至不可沟通的困难。由此看来，科学共同体是一个相当松散却又联系紧密的组织。

科学共同体或科学家共同体，就是由科学家在科学活动中通过相对稳定的联系而结成的一种社会群体。结成科学共同体的科学家们，往往是与他们的专业背景、教育传统和研究范围等方面决定的。正如库恩指出的那样，“科学共同体是由一些科学专业的实际工作者所组成。他们由他们所受教育和见习训练中的共同因素结合在一起”。同时，结成科学共同体的科学家们，其成员往往具有共同的目标、行为准则和精神气质。“他们自认为，也被人认为专门探索一些

---

① [美]T. S. 库恩：《必要的张力》，范岱年，纪树立译，北京大学出版社，2004 年，第 288 页。

② Kuhn T S. The Structure of Scientific Revolutions. Chicago: University of Chicago Press, 1970: 182.

共同目标,也包括培养自己的接班人。这种共同体具有这样一些特点:内部交流比较充分,专业方面的看法也比较一致。同一个团体成员在很大程度上吸收同样的文献,引出类似的教训。"①

除了这些有着正式交流和固定交往的科学共同体外,科学史家普赖斯和社会学家克兰还发现了科学共同体的两种特殊形式:无形学院和学派。无形学院是地理上分散的科学家的集簇或圈子。这些科学家往往是本学科中的"权威科学家"或核心科学家,他们处在较大的科学共同体当中,担任着学科前沿成果的传播、评价和交流的工作。学派则是具有共同学术思想的科学家团体。学派这种非正式的科学共同体,往往是在学科带头人的带领下,由在某一学科方向上具有共同兴趣爱好的研究者所组成的。一般认为,杰出的科学家以自己的理论和人格魅力创造了学派、引领着学派和塑造着学派。一些学派形成后,会形成良好的"学派效应"。如在李比希的精心指导下,通过实验室中的系统训练培养出了一大批闻名于世的化学家。其中名列前茅的有为染料化学和染料工业奠定基础的霍夫曼、发现卤代烷和金属钠作用制备烃的武慈、提出苯环状结构学说为有机结构理论奠定坚实基础而被誉为"化学建筑师"的凯库勒,以及被门捷列夫誉为"俄国化学家之父"的沃斯克列先斯基,等等。李比希实验室培养出了众多著名的化学家,并形成了吉森-李比希学派,为德国和整个世界化学发展做出了巨大贡献。又如,在玻尔教授的教导和激励下,哥本哈根大学理论物理研究所聚集了一大批青年精英,很多世界一流的物理学家在这里脱颖而出。玻恩、海森堡、约尔丹、泡利、罗森菲耳德,以及苏联的福克和朗道等诺贝尔奖获得者都出自玻尔的门下。还有一大批物理学家——如狄拉克、德布罗意等人,也与"哥本哈根学派"有着密切的关系。

除科学共同体之外,一些技术史专家又提出了技术共同体的概念。1980年,美国技术史家康斯坦提出了技术共同体的概念,来指称那些以共同的技术范式为基础而形成的技术专家群体。技术共同体的提出,不仅丰富了我们对科学技术研究圈子的理解,同时也为技术社会学的研究指出了新的研究方向。

二、科学家的社会分层

科学共同体是众多科学家的集合体。按照默顿的说法,遵循"普遍主义"精

---

① [美]T. S. 库恩:《必要的张力》,范岱年,纪树立译,北京大学出版社,2004年,第288-289页.

神气质的科学家应该是平等的。因为,科学共同体仅按他们提出的理论而不是他们的出身、性别、种族等方面来评价他们。然而实际情况是,在科学共同体内部,所有科学家并不是平起平坐和完全平等的。由于社会承认和声望等方面的差异,与人们在社会中有社会差异一样,科学共同体内的科学家也呈现出明显的分层现象。

"分层",原先是地质学家分析地质结构时使用的一个名词,是指地质构造的不同层面。社会学家研究发现,社会存在着不平等。在人与人之间、集团与集团之间,也像地层构造那样分成若干高低有序的等级层次。社会分层,就是按照一定的标准将人们区分为高低不同的等级序列。按照科尔兄弟(S. Cole & J. Cole)的研究,科学共同体内的社会分层的标准,主要有三个方面:科学天资、累积优势和科学产出。科学家的天资会影响到科学成就;通过自我选择和社会选择过程,一些有潜力的年轻科学家能与显赫的科学家为伍,其日后取得更大成就的可能性就大;而科学产出——科学家的研究成果,将最终决定科学家在分层体系中所处的位置。

普赖斯在《小科学,大科学》中,按照论文生产率来划分科学家。有75%的科学家发表的论文仅占论文总量的1/4;每人发表论文在10篇以上的科学家有10位,他们的论文占论文总量的1/2; 此外,有两人发表的论文占总量的1/2。这样,在这些科学家之间,就形成了一个"金字塔"形的结构。1965年,哈格斯特龙在《科学共同体》中论述了科学声望对社会分层的影响。1973年,科尔兄弟的《科学界的社会分层》对社会分层进行了细致的描述。美国科学社会学家朱克曼从对美国诺贝尔奖获得者入手,更加明确地分析了科学界分层的金字塔现象。她指出,通过比较客观的声望标志,我们就能运用鉴别精英的方法,来简单描绘美国科学界的分层现象。1974年的统计资料表明,有49.3万名美国人把自己说成是科学工作者,有31.3万名科学家被载入《全国科技人员登记手册》,有18.4万名科学工作者被列入《美国男女科学家》,有17.5万名科学家是受过高级科学训练、获得博士学位的,有950名科学家被选为全国科学院院士,最后有72名诺贝尔奖获得者。[①] 如果说科学院院士被称为科学界的精英的话,那么,诺贝尔奖获得者就是科学界的超级精英,他们位于金字塔的顶端。他们之间的金字塔结构和分层现象如图4-1所示。

---

① [美]H.朱克曼:《科学界的精英》,周叶谦,等译,商务印书馆,1979年,第12-14页。

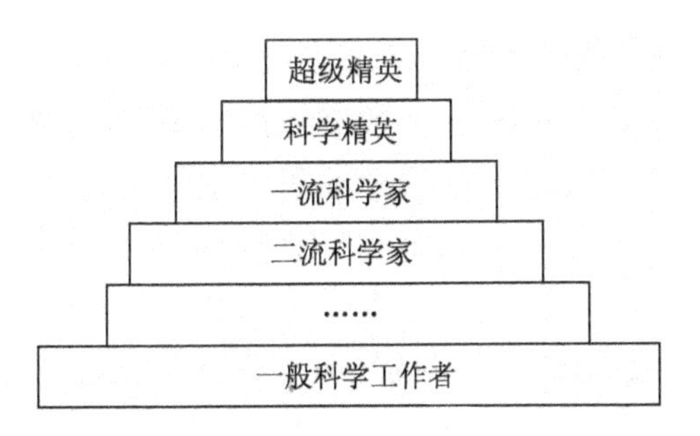

图 4-1　科学共同体的金字塔结构和分层现象

超级精英显然就是科学共同体内的科学权威。事实上,科学权威也是多方面的,有知识权威、导师权威等。知识权威有牛顿、爱因斯坦等;导师权威有李比希、玻尔等。著名科学家朗道曾说过,像爱因斯坦这样的科学家就是科学权威,像玻尔、薛定谔、海森堡等就是一流科学家,而他自己只是二流科学家。

三、科学的规范结构

科学社会学家本-戴维曾指出,科学共同体这一概念,是一个涉及它本身的规范和政策的集合体。① 这里所说的规范,就是科学共同体的认识规范和社会规范的总称,也就是支配科学家的方法论约定和社会行为准则。这里主要探讨科学家的社会规范。

"科学规范"有时又被称为"科学的精神气质",这一概念是由"科学社会学之父"默顿提出的。他在 1938 年发表的《科学与社会秩序》中首次引入这一概念,并在脚注中对之进行了解释:"科学的精神气质是指那些被认为用来约束科学家的一套有情感色彩的规则、规定、惯例、信仰、价值和预先假定的综合体。"② 在《民主秩序中的科学与技术》(1942 年)(后改为《科学的规范结构》)中,默顿明确指出:"四组制度上必需的规范——普遍主义(Universalism)、公有主义(Communism)、无私利性(Disinterestedness)和有条理的怀疑主义(Organized Skepticism)——构成了现代科学的精神气质。"③此概念的提出并没有马上引起人们的关注,直到 20 世纪五六十年代才有巴伯和哈格斯特龙等人加以引用并成为科学社会学的重要理论之一。

---

① [美]R. K. 默顿:《科学社会学》(上册),林聚任译,商务印书馆,2003 年,第 11 页。

② Merton R K. The Sociology of Science: Theoretical and Empirical Investigations. Chicago & London: The University of Chicago Press, 1973:258.

③ 同②,270.

普遍主义强调科学活动中的平等原则。它要求对科学成果的评价不依赖科学家的个人属性和社会属性,与科学家的种族、国籍、宗教、阶级及个人品质毫不相干,反对把其他一切非科学的标准强加在科学成果之上。同时,普遍主义意味着科学大门为一切人敞开,反对以任何理由限制有才能的人从事科学事业。

公有主义强调科学知识是公共的知识而非个人的知识,反对研究者独占或垄断科学成果。默顿认为,坚持公有主义,是因为"科学上的重大发现都是社会协作的产物,因此它们属于社会所有。它们构成了共同的遗产,发现者个人对这类遗产的权利是极其有限的";而"科学家对他的自己的知识产权的要求,仅限于要求对这种产权的承认和尊重……承认和尊重是科学家对自己的发现的惟一的财产权"。[1] 用人名命名的定律和理论,并不表明它们被发现者及其子孙所占用,像多普勒原理、波义耳定律等,只不过是一种记忆性和纪念性的形式。因此,科学家必须尽快完全地公开他的发现,来获取同行的承认以争取优先权,通过传播促进科学的发展。

无私利性强调科学研究与功利无涉,它既不等同于利己主义,也不等同于利他主义。它要求科学家不应以科学谋取私利,而应该"为科学而科学"(Science for the Sake of Science)。无私利性拒斥对知识的功利主义使用,倡导进行"纯科学"的研究。因此,求知的兴趣、热情、好奇心等品质为科学家所共有,而为一己之私利的欺骗和隐瞒等谋利行为与此毫不相容。因而,也有学者把"无私利性"译为"祛利性"[2]。

有条理的怀疑主义强调科学的批判精神。它要求所有的科学知识都要时刻经受检验,科学家对自己和别人的工作都应该持怀疑的态度。之所以是有组织的怀疑主义,是因为这种怀疑远不同于个人私自的和无端的怀疑。

后来,默顿在1957年的论文中,补充了"独创性"(Originality)作为科学的精神气质的成分。独创性强调科学活动的创造性,它要求科学家只有发现了前人没有发现的东西、做出了别人没有做出的贡献,他的工作才被认为对科学的发展具有实质性意义。因此,独创性反对重复、抄袭和复制等不经济的做法。

默顿的科学的精神气质提出后,不仅维护了科学共同体的秩序,更重要的是,在很多人看来,正是它,起到了把科学同其他社会建制区别开来的标准。因此,在相当长时期内,很多人把科学的精神气质奉为科学的社会形象。然而,在

---

① [美]R. K. 默顿:《科学社会学》(上册),林聚任译,商务印书馆,2003年,第369-370页。

② 曹南燕:《论科学的"祛利性"》,《哲学研究》,2003年第5期。

默顿提出科学的精神气质之后，也遭到了很多学者的批评，如米特洛夫和马尔凯等。在反对者和批评者看来，在现实生活中，经常有科学家不遵守这些规范，遵守规范的倒是少数。而这些违反规范的科学家，不但没有受到什么制裁，反倒获得了巨大的荣誉，有的甚至获得了诺贝尔奖。有一些学者——如齐曼在《真科学》中——试图提出新的规范结构；当然，也有一些学者——如克里姆斯基——在对科学新的“与境”（Context）进行研究后，认为“企业家式的精神气质”有可能取代“科学的精神气质”，并就这一趋势向人们发出警示。①

当科学的精神气质理论受到冲击后，一些拥护者纷纷起来为其辩护。一些学者认为，默顿的科学的精神气质应当被视为科学的社会规范的一种理想类型。也有学者认为，默顿提出的科学的精神气质，既不完全是对现实的描述，也不完全是对理想的刻画，而是对一种科学社会规范的倡导和“应然”状态的描绘。② 近来，STS 的研究认为，科学规范只不过是一种“解释资源”（Interpretive Resource）③。尽管科学家在实际工作当中并不完全遵守科学规范，但是，当他们需要解释自己工作的合法性、当他们需要为自己辩护时，会毫不犹豫地运用这些规范。关于这个问题的争论，或将继续下去。

由于技术与科学之间具有明显的差异性，技术共同体的社会规范与科学共同体的社会规范之间也存在着明显的不同之处。两者之间差异的最明显之处，莫过于技术更强调保密性而不是公有主义，更强调知识产权的保护和技术成果的有用性而不是无私利性。关于技术共同体社会规范的明确表述，是技术社会学需要研究的另一个问题。

第三节　科学技术社会运行的不平衡性

在社会的支撑和作用下，科学技术共同体依据各自的规范开展自己的工作；他们活动的结果，反过来又作用于社会。在科学技术和社会之间互动的结果，便构成了科学技术社会运行的逻辑轨迹。然而，科学技术社会运行的轨迹并不是一条直线，而是呈现出明显的不平衡性。这种不平衡性主要表现在两个

---

① Krimsky S. The Ethical and Legal Foundations of Scientific Conflict of Interest. In Lemmens T & Waring D (ed). Law and Ethics in Biomedical Research: Regulation, Conflict of Interest and Liability. Toronto: University of Toronto Press, 2006:63 - 81.

② 文剑英：《试论马尔凯对“科学的精神气质”的批判》，《科学技术与辩证法》，2006 年第 3 期；马来平：《默顿科学规范再认识》，《自然辩证法研究》，2008 年第 4 期。

③ Sismondo S. An Introduction to Science and Technology Studies (2nd ed.). Wiley - Blackwell, 2010:30 - 31.

方面:时间上的不平衡性和空间上的不平衡性。

一、科学技术社会运行在时间上的不平衡性

20世纪60年代,在考察了科学技术发展的历史和现状之后,普赖斯提出了一个“指数-逻辑曲线增长”理论。在《巴比伦以来的科学》一书中,他对“工作人员的数量、撰写论文的数量、做出的科学发现和财政支出”等所谓“科学的规模”(Size of Science)进行了分析。他发现,从1665年《伦敦皇家学会哲学论坛》创刊及其后,只有四五种科学杂志。从1665年到1750年间,只有10种杂志。“到19世纪初期,总数已达到100种左右。19世纪中叶达到1 000种,1900年达到约10 000种……”,到1960年则达到100 000种。通过分析,普赖斯得出了这样的结论,“科学期刊总数的迅速增加以一种在人为或自然的统计中都很少见到的特别规律已从1到了10万这个数。它高精确度地显示出……期刊数目每隔50年增加10倍。”[①]普赖斯发现,“期刊数量是指数增长而不是线性增长的”,并由此得出了“科学知识按指数增长的规律”。期刊数量的指数增长的结果是,“大约到了1830年左右,这一(增长)过程显然已经达到了一种荒唐可笑的地步:没有一位科学家能够阅读所有的期刊,或对同他的研究兴趣可能有关的所有出版著作保持充分的了解。以至于出现了‘信息问题’”[②]。

不仅是科学期刊的数量,科学家的人数和科学研究经费等指标也一样呈现出明显的指数变化规律。普赖斯发现,“科学的增长速度比任何其他的事物快得多。人口、经济、科学之外的文化等所有其他事物的发展,差不多每一代人(30~50年)翻一番。美国的科学仅10年就翻一番。在我们的文明中,科学之外的所有东西每翻一番的时候,科学就要增加8倍……科学增长的速度如此之快,相形之下,所有其他的事物几乎就是静止的”[③]。科学家人数迅速增长,以至于将来“每一个老人、儿童和狗都配备几名科学家”。

普赖斯发现,这条呈指数增长的科学增长曲线,是“一条S形曲线或逻辑曲线呈S形状,在中线上下对等”。并且,这条曲线随着时间的变化而变化:在某一时期,科学知识呈指数增加;而在其他时期,这条S形曲线则呈饱和状态;在饱和状态之后,还有一个明显的绝对衰退期。用这条S形曲线,普赖斯揭示了科学技术社会运行的不平衡性,详细地指出了历史上不同时期科学规模的不同变化。

---

① [美]D. 普赖斯:《巴比伦以来的科学》,任元彪译,河北科学技术出版社,2002年,第214-215页。
② 同①,第217页。
③ 同①,第226页。

二、科学技术社会运行在空间上的不平衡性

科学技术在空间上的不平衡性，主要表现为科学中心不断发生转移和学科发展的不平衡性。

对科学史的研究表明，科学活动的中心在不同的历史时期呈现出不同的变化。也就是说，科学活动的中心不是固定不变而是变动不居的。对“科学中心”研究比较早的，是英国科学学家贝尔纳。1939 年，他在《科学的社会功能》中，描述了科学中心从巴比伦人传到希腊人，又从希腊人传到阿拉伯人，再从阿拉伯人传到法兰克人的转变概况。日本著名科学史家汤浅光朝在其 1962 年的《科学活动中心的转移》一文中，在系统地分析了 300 年来世界各国科学家的重大发现和发明之后，进一步揭示了科学中心转移的规律：如果把一个国家的科学成果超过同期内世界科学成果的 25%，作为它有资格成为世界科学活动中心的标志的话，那么，自近代以来，世界科学活动的中心按照如表 4-1 中顺序发生了历史性的转移。

表 4-1　近代以来世界科学活动中心的转移

序号	国别	年代跨度/年
1	意大利	1540—1610
2	英国	1660—1730
3	法国	1770—1830
4	德国	1830—1920
5	美国	1920 年至今

这种科学活动中心转移的现象，由于汤浅光朝的发现而被称为“汤浅”现象。可以看出，第一、二次世界科学的中心，都维持了 70 年的时间；第三次科学中心只维持了 60 年；第四次科学中心经历了 90 年；目前美国这个世界科学的中心，已经维持了近 100 年。对世界科学技术史的研究，似乎可以揭示这样一条规律：在每一个历史时期，总会有一个国家成为世界科学中心。这个科学中心引领着世界科学技术发展的潮流和方向，在经过几十年或一个世纪后转移到其他国家。

科学中心之所以发生世界性的转移，有多种方面的原因。通过对科学史的研究表明，这种转移不仅与一个国家的科学技术政策有关，而且与那个国家当时的地理环境、经济状况、政治制度及文化氛围等因素都不无关系。默

顿通过对1601—1700年英格兰和欧洲科学技术的“产出率”进行比较后发现,“在17世纪中叶前后,科学在英格兰的发展变得格外引人注目”。为什么会有如此现象呢?默顿认为,“事实上,也许恰恰是内乱(1688年威廉进入英国,引起内乱——引者注)的平息,以及在此之前几十年间对科学的兴趣的极大增加,可能是造成60年代里如此众多的基础发现引人注目地‘突然’涌现于世的原因”。①

科学技术的社会运行不仅表现为世界科学中心的转移,而且表现为学科之间发展的不平衡。苏联著名的哲学家和科学史学家凯德罗夫提出了“带头学科”的概念。他认为,“带头学科,是自然科学的这样一个领域或一些领域,它或它们走在整个自然科学发展的前面,决定着自然科学发展的性质和水平,因而在这个意义上它或它们是带头的”②。近代以来,自然科学的带头学科如表4-2所示。

表4-2　近代以来自然科学的带头学科

序号	带头学科	时间跨度
1	力学	16—18世纪
2	化学、物理学、生物学、地质学	19世纪
3	原子物理学、亚原子物理学	20世纪上半叶
4	控制论、分子生物学和遗传学、航天学	20世纪50-70年代

自然科学之所以在不同的时期出现不同的带头学科,有多方面的原因。科学史和科学社会学的研究表明,这种现象的出现,不仅与科学自身发展的逻辑有密切关系,而且与那个时代的社会需求、价值取向和科技政策等因素都不无关系。例如,默顿的研究表明,“可以认为科学兴趣中心的转移是由于各门科学的内在发展的结果。但是认为全是这样就会有错误。正如李凯尔特和马克斯·韦伯通过价值关联概念最有力的说明,科学家们通常总是选择那些与当时占主导地位的价值和兴趣密切相关的问题作为研究课题。这一研究的大部分内容将考察某些科学以外的因素,这些因素对科学兴趣中心的转移即使不起完全决定性的作用,也有重大的影响”③。不仅仅是自然科学的不同学科之间会出现运行的不平衡性,在同一个学科内部,不同时期内也会出现不平衡性。默顿

① [美]R. K. 默顿:《科学社会学》(上册),林聚任译,商务印书馆,2003年,第265-266页。
② [苏联]凯德洛夫:《列宁与科学革命·自然科学·物理学》,《科学史译丛》,1983年第1期。
③ 同①,第277-278页。

通过对1665—1702年间英国论文的数目和研究问题的关注指标进行分析发现，“对特定领域的兴趣的短期波动，来自于该学科内部的发展。也就是说，被认为具有极高价值的出版物有助于把人们的兴趣汇集到问题显露出来的领域，并使这些问题有望得到解决”①。

不仅科学的发展是不平衡的，技术的社会运行也是不平衡的。这种不平衡不仅表现为区域和国家间的不平衡，也表现为国际上的不平衡。2001年，联合国开发计划署的研究表明，全球有46个地区和城市被评为技术中心。这46个技术中心分布在22个国家里面，其中美国13个，英国4个，德国3个，法国、芬兰、瑞典、澳大利亚、巴西各2个，日本、韩国、爱尔兰、加拿大、新加坡、挪威、南非、突尼斯、印度、马来西亚、比利时、丹麦、以色列各1个；中国有3个，分别是台北、新竹和香港。②

技术中心的不平衡性，不仅与一个国家或地区的科学传统和生产传统有关系，同时也与那个国家或地区的政策引导和制度环境不无关系。例如，尽管英国人首先在电磁理论方面做出了开创性的工作，但是，以电力革命为核心的第二次技术革命却最先在德国爆发。

第四节　科学技术革命

马克思主义认为，革命是人类改造自然和改造社会的重大变革，是以一种新的东西取代传统的旧东西，是质变。科学技术革命，是指以新的科学技术理论、方法、成果、思想、观念、规范等取代旧的科学技术传统的激烈变化过程。

一般而言，人们普遍认为从近代开始，人类经历了三次具有划时代意义的、全局范围的科学技术革命。有学者认为，自近代以来科学技术发生了不是三次而是四次、甚至是五次科学技术革命。也有学者认为，自近代以来只发生了一次科学革命。更有学者认为，“根本就不存在唯一确定的科学革命这回事……（因为）科学革命这个想法本身至少在一定程度上是‘我们’对先人兴趣的表达”③。

科学技术革命，是科学革命和技术革命的总称。科学革命，是指由于全新

---

① ［美］R. K. 默顿：《科学社会学》（上册），林聚任译，商务印书馆，2003年，第272页。

② 陈其荣：《当代科学技术哲学导论》，复旦大学出版社，2006年，第534页。

③ ［美］S. 夏平：《科学革命：批判性的综合》，徐国强，袁江洋，孙小淳译，上海科技教育出版社，2004年，第1－6页。

的自然科学的概念和理论的提出,而导致的科学知识体系和认识图景的激烈变革。科学革命的爆发,一般是人类认识自然的一次飞跃,是科学理论体系范式的一次转变。按照库恩的"范式"理论,当旧理论不能包容和同化新理论的时候,就会发生新旧范式转换的革命。技术革命,是指由于新的技术能力、生产工艺和活动方式的出现,而导致生产方法、生产工具、生产过程、工艺管理等方面的激烈变革。技术革命的爆发,一般是人类改造自然的能力的一次飞跃,是人类生产力的一次全面提高。

一、第一次科学技术革命

第一次科学革命,始于1543年哥白尼"日心说"的创立,中间经过伽利略和开普勒,到1687年牛顿《自然哲学的数学原理》的发表,经典力学体系的第一次大综合完成了。

1543年哥白尼发表了《天球运行论》,提出了地球自转和公转的概念;他认为是太阳而不是地球位于宇宙的中心,从而带来了一系列观念上的革命。日心说打破了亚里士多德物理学中天地决然有别的界限,破除了亚里士多德的绝对运动概念,暗示了无中心宇宙的存在。日心说向神学自然观发出了挑战,打破了占统治地位1 600年之久的托勒密的"地心说"。与此同时,1543年,维萨留斯和塞尔韦特提出了以心脏为中心的血液循环理论;他们认为大脑和神经系统才是发生思想和情感这些高级活动的场所,打破了占统治地位1 600年之久的盖伦的学说。在方法论上,他们都用实验的方法代替了单纯思辨和推理演绎的方法,开始把科学建立在观测和实验的基础之上。哥白尼革命直接导致对新物理学的寻求。伽利略开辟了新的科学实验传统,他把事物之间的数量关系作为研究目标,真正地把实验和数学结合了起来。自此之后,新的物理学就正式诞生了。又经过开普勒、波义耳、胡克、哈雷等一批科学家的努力,最终牛顿在1687年完成了科学史上有史以来最伟大的一部著作《自然哲学的数学原理》。在《自然哲学的数学原理》这本书中,牛顿运用三大运动定律和万有引力定律把天地万物及其运动规律统一起来,形成了一个完整的力学体系,开辟了一个全新的宇宙体系,使得宇宙的全部奥秘清清楚楚地展现在人们面前。

这次科学革命,不仅仅是力学上的革命。以力学为带头学科,包括天文学、解剖学、生理学、数学、流体力学、静力学和磁学等学科领域都发生了不同程度的突飞猛进的发展。这场原本为争取自身生存权利,为撕破宗教重重束缚而开展的斗争,终于汇成一场势不可挡的革命。自此之后,科学的世界观和科学的自然观取代了欧洲中世纪的盲目和愚昧,科学的实验方法论取代了纯粹思辨和经院哲学的荒唐演绎,自然界和自然的规律从此开始被置于科学的基础之上。

第一次技术革命始于18世纪中叶,机器的发明和使用是第一阶段。珍妮机的出现使纺织效益提高了40倍以上,之后,在冶金、采煤等其他行业中也掀起了发明和使用机器的高潮。瓦特改进了纽可门蒸汽机的缺点,制成了性能可靠的高效蒸汽机,为英国的工业革命提供了强大的动力。蒸汽机为机器大工业的发展解决了至关重要的动力问题,解决了原先工厂必须建在水流湍急地方的空间限制。第一次科学技术革命与工业革命相伴进行,其结果是蒸汽动力取代人力、畜力、水力、风力等,成为最重要的动力,使人类进入"蒸汽时代"。纺织业、采矿业和冶金业在瓦特机的带动下迅猛发展,而为了制造瓦特机,机械制造业又繁荣起来。进入19世纪后,随着蒸汽机技术的不断完善,它逐渐成为车辆、船舶等交通工具上的动力机器。1800年后,人们开始研究用蒸汽机作为牵引动力。1814年,英国人史蒂芬森研制出的世界上第一台蒸汽机车试运行成功,开启了陆地交通运输的新纪元,人类从此进入所谓"铁路时代"。1807年,美国人富尔顿发明蒸汽汽船,揭开了人类水上交通技术变革的序幕。这样以纺织机械革新为起点,以蒸汽机的发明和广泛应用为标志,实现了手工生产到机器大生产的转变。

在第一次科学技术革命期间,科学和技术还没有真正结合起来,许多技术发明大都来源于工匠的实践经验。在这一时期内,总的说来是技术走在了科学的前面,往往是先有技术上的发明,然后才有科学家从理论上对它做出科学的解释。①

第一次科技革命极大地提高了生产力,它使社会的阶级结构、经济结构发生了重大变革,从此,社会日益分裂为两大对立阶级并开始了城市化进程。第一次科技革命甚至使世界格局也发生了变化,从此,开启了一个工业化国家引领非工业化国家的时代。

二、第二次科学技术革命

第二次科学革命从18世纪下半叶起到19世纪中叶止,主要由天文学、地质学、物理学、化学、生物学等各个领域的一系列重大发现所组成。其中,物理学的两次重大理论综合(能量守恒与转化定律和电磁理论)和生物学的两次重

① Multhauf R. The Scientist and the "Improver" of Technology. Technology and Culture, 1959, 1: 38 -47.

大综合(细胞学说和生物进化论)影响和意义更为深远。

在18世纪中叶以后,理性思维开始在自然科学方法论中起主导作用,原先单凭经验和归纳而得出科学理论的方法慢慢地让位给了理性和演绎的方法。理性思维方法就是对感性材料进行抽象和概括、建立概念,并运用概念进行判断和推理,进而提出科学假说并建立理论或理论体系的方法。19世纪,英国化学家道尔顿的原子论、意大利物理学家阿伏伽德罗的分子学说、俄国化学家门捷列夫的元素周期律、康德的星云假说等,最初都是以“假说”的形式出现的。19世纪不愧是“科学的世纪”。在天文学领域,英国天文学家亚当斯和法国天文学家勒维烈根据“笔尖上的发现”找到了海王星。在地质学领域,英国的地质学家赖尔提出地质渐变理论。在生物学领域,施莱登、施旺的细胞学说,达尔文、华莱士的生物进化论,孟德尔的遗传规律等相继被提出和发现。在化学和物理学领域,分子、原子论被科学家慢慢肯定;拉瓦锡推翻了燃素说,揭示了燃烧的本质;门捷列夫发表了元素周期律的图表和《元素属性和原子量的关系》的论文,预言了未知元素的存在并在以后被证实。在医学领域,巴斯德的微生物理论、细菌学和免疫学慢慢地被人们所认可并运用在疾病医疗上。

19世纪最重大的科学成就之一是电磁学理论的建立和发展,电磁学的发展为第二次科学技术革命提供了重要的理论准备。在19世纪之前,电学达到了它的最高成就——库仑定律,但人们基本上认为电与磁是两种不同现象,不过人们也发现两者之间可能会存在某种联系,因为水手们不止一次看到,打雷时罗盘上的磁针会发生偏转。1820年4月,丹麦教授奥斯特通过实验证实了电与磁的相互作用,他指出磁针的指向同电流的方向有关。法国物理学家安培提出了电动力学理论。英国化学家、物理学家法拉第于1831年总结出电磁感应定律,稍后又发现了“磁的旋光效应”,播下了电、磁、光统一理论的种子。但法拉第的学说都是用直观的形式表达的,缺少精确的数学语言。后来,英国物理学家麦克斯韦提出了真空中的电磁场方程,又推导出电磁场的波动方程,还从波动方程中推论出电磁波的传播速度刚好等于光速,并预言光也是一种电磁波,这就把电、磁、光统一起来了。这是继牛顿力学以后又一次对自然规律的理论性概括和综合。1888年,德国科学家赫兹证实了电磁波的存在。美国工程师莫尔斯、贝尔分别发明了电报、电话;意大利物理学家马可尼、俄国的物理学家波波夫先后实现了无线电的传播和接收,使有线电报逐渐发展成为无线电通信。1866年,西门子第一台自激式发电机问世,使电流强度大大提高。1882年,法国人德波里发现了远距离送电的方法,美国科学家爱迪生建立了美国第一个火力发电站和电力供应系统，由此并带动了电力工业的发展。这样，从19世纪30年代起，以电动机、发电机的发明为开端，以电力的广泛应用为标志，形成了以电力技术为核心的技术体系，使人类进入电气化时代。电力的广泛应用是继蒸汽机之后近代史上的第二次技术上的革命。

在第二次科学技术革命期间，科学和技术紧密地结合了起来。自然科学的各个门类都相继成熟起来，形成了人类历史上空前严密可靠的知识体系。有了对自然内在本质的认识，有了对自然规律深刻的洞察，科学开始走在技术的前面，引领并指引技术前行。①

第二次科技革命更加迅猛地推动了生产力的发展，它不仅推动了生产效率和生产能力的提高，而且使产业结构发生了变化。第二次科技革命引发的生产关系的调整引起了整个社会的变革，它使生产和资本进一步集中并产生垄断，东西方差距进一步扩大，资本主义世界体系最终形成。

三、第三次科学技术革命

第三次科技革命是继“蒸汽技术革命”和“电力技术革命”之后，在科技领域里发生的又一次全局性、本质性的激烈变化。第三次科学革命是指从19世纪末20世纪初开始，迄今仍在迅猛发展着的科学上的变革。第三次科学革命的第一阶段发端于19世纪末物理学的X射线、天然放射性和电子的“三大发现”，以相对论和量子力学的诞生为标志。第二阶段从20世纪40年代末起，一系列在自然观、科学观和方法论上具有根本变革性质的新学科、新理论涌现出来，如分子生物学、耗散结构理论、协同论、突变论、超循环理论等自组织理论和混沌理论等，也有学者把它称为第四次科学革命。第三次技术革命，也是一场进行时的革命。它的第一阶段始于20世纪40年代，以核技术为开端，以电子技术为主导，以自动化为标志，使社会生产实现了自动化。第二阶段从20世纪70年代起，以信息技术、生物技术、新材料技术、新能源技术、空间技术、海洋技术等高技术群体的出现为标志，实现了生产的信息化，也有学者把高技术引发的革命称为第四次技术革命。②

19世纪末，从阴极射线的研究开始，物理学向两个方向展开：一是由阴极射线的研究发现了X射线，又由X射线的研究发现了放射性；二是对阴极射线本

① Multhauf R. The Scientist and the “Improver” of Technology. Technology and Culture, 1959, 1: 38-47.

② 顾素：《第四次科技革命》，江苏人民出版社，2003年，第12-14页。

身的研究导致电子的发现。1895 年，德国物理学家伦琴发现 X 射线；1896 年，法国物理学家贝克勒尔发现铀盐具有放射性；1898 年，英国物理学家汤姆森发现电子。X 射线、天然放射性和电子等的发现，使人类对物质结构的认识由宏观领域进入奇妙的微观领域。爱因斯坦在 1905 年和 1916 年分别提出的狭义相对论和广义相对论，革新了物理学的基本概念框架，改变了人们的世界图景。1900 年，德国物理学家普朗克提出辐射"量子"假说；1925 年，海森堡创立了量子理论的矩阵力学，开始了对量子力学的数学描述；1926 年，薛定谔以波动方程的形式建立了新的量子理论——波动力学；1927 年，海森堡提出测不准原理；1927 年，玻尔提出"互补原理"。量子力学揭示了微观世界的基本规律，为原子物理学、固体物理学、核物理学和粒子物理学的发展奠定了理论基础，它不仅改变了对微观客体运动的描述，而且使人们慢慢抛弃了经典力学的机械决定论，对人类文明产生了深远的影响。

电子计算机技术、原子能技术和空间技术是第三次技术革命的代表性领域，其中尤以电子计算机技术的影响最为深远。1944 年，德国将 V-2 型远程液体燃料火箭投入实战；1945 年，美国成功试爆世界上第一颗原子弹；1945 年，世界上第一台真正的电子计算机在美国诞生。这三件具有开创性的事件，拉开了第三次技术革命的序幕。20 世纪 70 年代以来，一批新技术涌现出来，为了区别以往的技术而把它们称为高技术。目前得到各国公认并列入 21 世纪重点研究开发的高技术领域有：信息技术、生物技术、新能源技术、新材料技术、空间技术、海洋技术等。信息技术里面的微电子技术向着超微细、超高速、超高集成、超低功耗和多功能的方向发展；计算机技术向着量子计算机、光子计算机、纳米计算机、蛋白质和分子计算机（生物计算机）发展；而网络技术和现代通信技术正朝着"信息高速公路"（Information Highway）的方向发展。生物技术中的基因工程技术（重组 DNA 技术）使得我们能够使生物性状朝着人们需要的方向发展；细胞工程、酶工程和发酵工程等生物技术则使得人们不仅能够改良物种，而且可以使用基因置换、基因修正、基因修饰和基因失活等手段，对遗传性和传染性等疾病进行基因治疗。新能源技术中的太阳能、核能、地热能、风能、生物能等能源，将为人们提供清洁、经济和安全的能源供应。新材料技术中的纳米技术、陶瓷技术、高分子材料与复合材料技术、激光技术等技术，向着高性能化、智能化、多功能化和综合化的方向发展。空间技术和海洋技术则为人们开发和拓展了广阔的生存和发展空间。

在第三次科技革命期间，进一步形成了以理论为先导的科学性技术。"显而易见,没有相对论和量子力学的创建,没有微观物理学的重大进展,太阳能技术就不可能产生;没有无线电电子学和数理逻辑的重要突破,电子计算机的诞生也是不可能的。当代许多尖端技术如激光技术、超导技术等等,都是在现代科学理论的基础上产生和发展起来的。因此,没有现代科学革命,就没有当代技术革命。”①同时,由于科学革命和技术革命的更迭发生和密切结合,使得科学技术化、技术科学化了;由于科学技术革命和产业革命的紧密融合,使得科学、技术、产业的关系一体化了。例如分子生物学的研究,本身就是高技术的一部分,同时,它直接开辟了以遗传工程为核心内容的新技术产业。显然,20 世纪 70 年代以来一批高技术的涌现,使得科学与技术之间的原有界限不再明显。以至于在 STS 领域,学者们,如加斯顿·巴施拉尔、吉尔伯特·霍特斯和拉图尔等人,开始使用“Technoscience”来指称科学和技术、科学的社会历史性和技术的人文物质性之间的交织网络(Network)关系。

由于科学、技术和产业之间的紧密结合,使得第三次科技革命具有明显的高技术和高技术产业群体化的特点。第三次科技革命不仅极大地推动了人类社会经济、政治和文化领域的变革,而且也影响了人类生活方式、思维方式和行为模式,使人类社会生活和人类精神生活都发生了激烈的变革。科学技术知识的生产速度越来越快,科学技术进步的周期越来越短,科学技术产品的工艺、结构越来越复杂和精密。同时,科学技术转化为生产力的速度越来越快,科学技术成果商品化的周期越来越短,科学技术使得人类的生存空间越来越大。从这个意义上讲,在这三次科学技术革命中,第三次科学技术革命是范围最广、规模最大、影响最为深远的一次科学技术革命。科学技术革命的发展一方面扩大了人类改造自然的活动领域,提高了人类与自然做斗争的能力,从而把人类社会的物质文明和精神文明推进到一个前人无法想象的新高度;另一方面,现代科学技术的发展也带来一系列棘手的社会问题,这些问题促使人们对科学技术的价值进行深刻的思考。

我国为了促进科技成果转化为现实生产力,规范科技成果转化活动,加速科学技术进步,推动经济建设和社会发展,于 2015 年通过了《关于修改〈中华人民共和国促进科技成果转化法〉的决定》。国务院又于 2016 年通过了《关于实施〈中华人民共和国促进科技成果转化法〉若干规定的通知》,着力打通科技与经济相结合的通道,促进大众创业、万众创新,鼓励研究开发机构、高等院校、企

① 顾素:《第四次科技革命》,江苏人民出版社,2003 年,第 16 页。

业等创新主体及科技人员转移、转化科技成果,更好地推进科学技术成果转化。

四、科学技术创新

中国共产党人始终关注创新。1988 年,邓小平同志提出“科学技术是第一生产力”的战略性论断。1995 年,江泽民同志提出“创新是一个民族进步的灵魂,是国家兴旺发达的不竭动力”。2016 年 5 月 30 日,习近平总书记在全国科技创新大会、两院院士大会、中国科协第九次全国代表大会上指出:“实现‘两个一百年’奋斗目标,实现中华民族伟大复兴的中国梦,必须坚持走中国特色自主创新道路,面向世界科技前沿、面向经济主战场、面向国家重大需求,加快各领域科技创新,掌握全球科技竞争先机。”上述论断深刻揭示了创新的本质和重要性。

(一)创新和科学技术创新

“创新”(Innovation)作为经济学中的一个重要概念,是美籍奥地利经济学家熊彼特在其《经济发展理论》中提出来的。熊彼特认为,“创新”是对生产要素和生产条件进行重新组合,并把这些新组合引入生产体系的革命性活动或重大变革过程。熊彼特所说的创新活动主要包括产品创新、工艺创新、市场创新、原材料创新、组织创新五种形式。之所以说创新是一个过程,原因在于创新的终极目标是实现创造发明潜在的经济价值和社会价值,是实现发明成果的商品化、产业化的过程。

OECD 认为,创新是指在经济和社会领域内,对具有增值性能的新产品的生产、使用、消化和开发,是对生产、服务和市场的更新和扩大,是新的生产工艺的开发,是新的管理体系的建立。它既是一个过程又是一个结果。很明显,无论在熊彼特还是 OECD 看来,创新的关键点在于“新颖度”。也就是说,是不是创新、是什么样的创新完全取决于企业、市场或整个世界对某种产品或服务的反应程度。①

严格来说,人们通常所谈到的创新,其实是技术创新,因为科学创新和技术创新是两个完全不同的概念。因此,按照中国人的传统和习惯,如果非要把科学技术与创新放在一起,首先必须要清楚二者的区别。在此基础上,要明确究竟是在谈知识创新、技术创新还是管理创新。为方便分析,这里统称科技创新。

---

① UN Millennium Project. Innovation: Applying Knowledge in Development Task Force on Science. Technology and Innovation, 2005:3.

（二）科技创新的非线性发展观

传统上,人们认为科学技术的发展,遵循从“基础研究”到“应用研究”再到“发展研究”最后才到“有形产品”这样一条固定的路线。

万尼瓦尔·布什在《无尽的前沿》报告中对科学知识的生产和使用的设想,是典型地建立在这种线性模型(Linear Model)的认识之上的。《无尽的前沿》设定的蓝图奠定了美国战后科学和经济的繁荣,万尼瓦尔·布什便是“美国世纪的工程师”。“布什式”的知识发展观认为,只要科学家不断地生产新的知识,人类的知识总量就会持续地增加,那么,这些科学知识迟早都会转化为实用的结果。如果说把人类的知识比作一个水库的话,那么知识的转化有如下两种可能:其一,需要使用水源(知识)的人(工程师)自然会来取水;其二,水库里的水早晚会“溢出”进而有益于社会。这种无论是“市场拉动”还是“技术推动”的知识发展观,皆包含如下两个基本特征:只有从基础研究到应用研究才能到具体的有形产品。然而,“学院派所热衷的线性模型,实际上天真和简单到了极点”①。

取而代之的解释创新的非线性模型不计其数。无论是“国家创新体系”(National Innovation System)、“三螺旋”(Triple Helix)还是“知识生产方式 2”(Mode 2),都为我们提供了全然不同的认识创新的视角。

“国家创新体系”(NIS)是在 20 世纪 80 年代末由弗里曼(C. Freeman)等人提出的一个概念。OECD 在 1997 年的《国家创新体系》报告中更加明确地指出,创新和技术变革是不同主体和机构间复杂的互相作用的结果,是创新体系内不同主体间各种知识的生产、传播和使用的结果。技术变革并不是一个完美的线性序列,而是整个创新系统内部各要素之间相互作用、相互反馈的结果。一个国家的创新能力,很大程度上取决于体系内主体间如何相互合作进行知识和技术的生产和使用。国家创新体系的主体是企业、高校和公共研究机构以及这些机构内的研究者。② 研究国家创新体系着重关注整个创新体系内的互相作用和联系的网络。③ 在进化经济学看来,一个国家就是一个创新体系,这个创新体系是由一系列知识的生产者、传播者、使用者、企业网络和支撑系统组成的整体。在各个子系统之间,进行着知识的流动。正是这种正式或非正式的知识的

---

① Sarewitz D. Frontiers of Illusion: Science, Technology and the Politics of Progress Philadelphia: Temple University Press, 1996:213

② OECD. National Innovation Systems, 1997:10 - 13.

③ 柳卸林,马驰,汤世国:《什么是国家创新体系》,《数量经济技术经济研究》,1999 年第 5 期。

流动，以及知识机构之间的互动，决定着一个国家企业的创新能力。

"三螺旋"（TH）概念，是雷德斯朵夫和埃茨科威兹在20世纪90年代提出的一个解释创新的模式，"是指大学—产业—政府三方在创新过程中密切合作、相互作用，同时每一方都保持自己的独立身份"①。

在雷德斯朵夫和埃茨科威兹看来，创新的主体既不是市场、企业，也不是三角模型中强调的政府。他们认为，创新并不在某一固定的机构（单位）发生。相反，应该首先把创新体系理解为在知识的生产和传播体系中变化的动力学；创新本身也应该成为创新体系中的研究对象。这样，创新总是在大学、企业和政府三者交会的重叠层（Overlay）的网络结构中、在这三者自身的不断变化中产生，或者更直接地说，创新总在三者交界处产生。在雷德斯朵夫二人看来，创新是一个复杂的动态过程，包括三个明显的亚动力系统：市场力量、政治权利和知识的生产和扩散，创新就是在它们之间的互动过程中产出的。原来的"市场拉动"或"技术推动"的线性模型忽略了互动和反身的因素，而互动和反身性又决定了创新系统的非稳定状态。其一，三螺旋中每一个螺旋（子系统）的结构都在不断地变化。每一个子系统由于自身的历史积淀而保持了结构上的稳定性，但又因不断变化的环境的压力而不断地重构自身。例如，三螺旋模型中的政府，就不仅仅是国家意义上的政府，同时还有亚国家（区域）、跨国家和超国家（如EU）意义上的政府，其在三螺旋模型中的具体结构要视具体的创新体系而调整。大学的结构也会由于社会创新环境的刺激发生改变，有可能成为"知识企业"或"企业大学"。这种同时就是不断创新的重构，其实也就是一种"建设性的破坏"。其二，三螺旋中每一子系统的角色功能都在不断地变化。例如，大学自从在19世纪经历了第一次革命后，现在正在经历着第二次的革命。在第一次革命中研究进入大学，之后，大学就兼有了教学和科研两项功能。在第二次的革命中，大学正实现着发展经济的角色。这一点可以从越来越多的大学自己创办企业、将自己的研究成果商品化和成立科学园、孵化器、技术转化中心等现象中看出来。企业的角色也不仅仅是发展经济，很多企业都兼有培训、教学的功能。政府的角色也发生了重大变化，政府从原来的管理者和游戏规则制定者的角色转变为互动关系的协调者和推动者。其三，这个创新体系所形成的三螺旋结构也在发生变化。三者的关系从原来的"国家干预主义型"（Etatistic Model）、"自由放任型"（Laissez-faire Model）过渡到真正的"三螺旋型"，又由于

① 亨利·埃茨科威兹：《三螺旋》，周春彦译，东方出版社，2005年，第1页。

三者相互充当了对方的角色、承担了对方的功能而使它们之间的界线模糊起来,并出现三者相交的“三边网络结构和杂交组织”。这样,原来由布什设计的“由基础研究到应用研究和发展再到技术创新”的线性发展的“无尽的前沿”就变成了变动不居的“无尽的转变”。而正是在这种功能上不断分化、结构上不断整合的转变发生的同时,我们所期待的创新就会出现。

“知识生产方式2”(Mode 2),是吉本斯等人在20世纪90年代提出的另一个解释创新的概念。传统的知识生产方式(Mode 1)仅着眼于知识的生产,科学家并不关心这些知识的应用,各学科之间各自为政。与之相对应,新的知识的生产方式不仅关注知识的生产,而且关心这些知识是如何生产出来的。“新的知识生产方式存在于应用的与境之中,因为任何问题都非某一学科内部设定的问题。它是跨学科的而非单一或多科学的。”同时它存在于变动不居的、平等的和异质的结构组织内,而非仅仅蜗居在大学校园之内。“知识的生产方式2需要各主体间在知识生产过程中密切互动,而这意味着知识生产开始变得与社会密切相关。”[①]在这种新的知识生产方式中,生产什么样的知识均由各方沟通而来,也就是说,所生产出来的新知识从最初就具备一个特性,即无论是对企业、对政府,还是对社会,都必须是有用的知识。如若不然,这些知识就不会被生产出来。换句话说,“知识生产是社会性传播和扩散的知识”。不言而喻,这种动态的、跨学科的、为解决问题而生的应用型知识,内在地包含着创新。

上述三种解释技术创新的模型,无疑都在揭示这样一个事实:知识的生产、传播和转移的“边界”处于不断地建构之中;知识在不同主体间的流动至关重要;越是在与其他领域交汇的边界地区,科学创新和技术创新就越容易发生。

现代科学技术的发展,似乎从某种程度上证实了上述“启发式”模型的论断。例如,生物技术和生命科学在20世纪70年代的发展,不仅从现实上模糊了科学与技术的边界,而且生动地展示了从科学知识到成果转化的非线性关系。1973年,斯坦福大学的科恩和加利福尼亚大学的博耶,在基因重组技术上做出了划时代的突破。基因重组技术不仅改变了人们对生命存在方式的基本理解,被授予了三项“科恩-博耶专利”,为两所高校赚到了约2亿美元专利授权费和延展性权税,而且博耶还在1976年成立了第一个生物技术公司——基因

① Michael Gibbons, Camille Limoges, Helga Nowotny, et al. The New Production of Knowledge: The Dynamics of Science and Research in Contemporary Society. London: Sage Publications, 1994, vii.

泰克。①

五、科学家、技术专家的社会责任

在伦理学中，责任（Responsibility）的概念是一个"多关系的、结构性的概念"，或者说是一个"复合概念，一个关系范畴"。在德国著名哲学家、科技伦理集大成者伦克看来，责任"就是某人/为了某事/在某一主管面前/根据某项标准/在某一行为范围内负责"②。责任有自我责任和社会责任、追溯性责任和前瞻性责任的区分。按照美国管理学专家达夫特的定义，"社会责任"（Social Responsibility），就是管理者在决策和行为的时候，有增进社会和机构的福利和利益的义务。因而在这里，社会责任首先是一个伦理学范畴。学者们关于应该不应该负有社会责任问题颇有分歧，并不是所有学者都认为科学家和技术专家负有社会责任。

一般来讲，持"科学技术价值中立观"和"科学技术与伦理道德无关"者，都认为科学家和技术专家不负任何社会责任。这些学者认为，既然科学技术是价值中立的，既然科学技术只是追求客观真理的活动，那么科学家和技术专家只对这些知识的客观性和真理性负责，而对这些知识的社会使用不负任何责任。美国"氢弹之父"泰勒，这位先后获得爱因斯坦奖、费米奖和国家科学奖的著名核物理学家，不仅鼓动爱因斯坦一起说服罗斯福总统同意研制原子弹，而且是美国氢弹研制的核心人物。他一生沉醉于核武器的开发试验，而对核武器如何使用漠不关心。他曾经说，"我选择了科学家这个职业，我热爱科学；除了纯科学以外，我不情愿从事其他任何工作，因为我的兴趣就是搞科学"③。科学家的任务就是搞清自然在如何起作用，至于有无必要制造氢弹，是否使用它的问题则与科学家无关。正是这位泰勒，在审判奥本海默的安全听证会上还义愤填膺道："尽人皆知，良心是道德的范畴，在任何情况下都不是科学的范畴。我认为，对每项科学研究来说，致命的是当学者带着先验的道德、政治或哲学成见参加这项工作。科学和这些概念没有任何共同之处，就像科学对宗教一样没有兴趣……如果学者透过道德的眼睛来看科学思想的话，那么，他不仅作为一个道德主义者，而且首先是作为一个学者，就会犯错误。"④这种"纯科学研究与伦理

---

① Geiger R, Sá C. Tapping the Riches of Science: Universities and the Promise of Economic Growth [M]. Cambridge & London: Harvard University Press, 2008:32－33.

② 甘绍平：《应用伦理学前沿问题》，江西人民出版社，2002 年，第 120 页。

③ 同②。

④ 石毓彬，等：《二十世纪西方伦理学》，湖北人民出版社，1986 年，第 114 页。

道德无关”的观点发展到极致，就是纳粹时期一些科学家的做法。在二战期间，纳粹德国23名医生和科学家在门格勒的带领下，以“优生学”(eugenics)为理论依据，提出“种族卫生”，鼓吹日耳曼民族所谓的优越性，推行所谓“劣等民族”的灭绝政策，在奥斯威辛和比尔克瑙集中营里，惨无人道地用活人进行“改良人种”的实验，大肆屠杀犹太人、吉普赛人、战俘和其他无辜者多达40万人。[①] 为了搜集“科学数据”，他们进行活体实验，做了大量令人发指的实验。面对纽伦堡的审判，当时的科学家楞次等人、还有一些“纳粹科学家”的子女至今都只承认这些是“纯粹的科学实验”！楞次认为自己作为一个纯科学家，就应该向政府提供“科学的信息”。美国知名学者哈金斯也持相同观点，他曾直截了当地说：“我认为不存在道德的、人道主义观点的科学。科学就是为了科学的科学。在这个问题上我是一个纯粹主义者，我只是沿着科学的道路追求科学而不是为了人类的进步。”[②]

诚然，探索自然界的客观规律、揭示隐藏的自然奥秘，的确是很多科学家献身科学的初衷。但是，它能不能成为科学家和技术专家不负相应的社会责任的理由呢？美国物理学家温伯格说：“科学共和国中一名合格科学家公民的所有品质当中，我宁愿把责任感当作科学家的最突出标志。一名科学家可能很有才华和想象力，并且手巧、深刻、广博、严谨等，但是，除非他是负责的，否则他就不大像一名科学家。”[③]奥本海默在总结科学家们参加“曼哈顿计划”的原因时曾说，正义感、好奇心和冒险意识是很多科学家和技术工作者投身于该计划的理由。他曾经这样说，弄清楚世界是如何运行的，现实是怎么一回事，根据自然的价值观和凭借人类最大可能的权力去控制和对付这个世界，是很有意义的一件事，如果你是个科学家你也会禁不住从事这一工作。然而，当原子弹于1945年8月6日和9日在广岛和长崎爆炸之后，这位“原子弹之父”在向杜鲁门总统汇报工作时说“我的手上沾满了血污”。此前，奥本海默一直不赞同科学家应当干预科学成果的社会应用，他曾明确表示过，科学家不应该对社会和政治家如何使用科学技术的成果承担责任，他仅对自己的工作或成果的科学价值负责。[④]但此时，奥本海默从良心上感到作为科学家应该对其研究的结果负责，“研制原子弹的科学家是在犯罪”，“我成了死神和世界的毁灭者”。曾经和齐拉德一道

---

① Iltis, A. S., Research Ethics. New York & London: Routledge, 2006:2; Carlson, E., Times of Triumph, Times of Doubt: Science and the Battle of Public Trust. New York: Cold Spring Harbor Laboratory Press, 2006:27.

② 转引自陈其荣，《当代科学技术哲学异论》，复旦大学出版社，2006年，第630页。

③ 温伯格：《科学共和国公民的职责》，刘华杰译，北京理工大学出版社，2004年，第39页。

④ 故文耕：《科学前沿分析》，中共中央党校出版社，1991年，第49页。

说服罗斯福总统关注原子弹研究的爱因斯坦也非常懊悔地写道："要是我知道这种担忧(指希特勒拥有原子弹)是没有根据的，同齐拉德一样，我当初就不会插手去打开这只潘多拉盒子。"事实上早在1931年，在对加州理工学院学生讲话时，爱因斯坦就曾明确指出，要使科学造福于人类："如果你们想使你们一生的工作有益于人类，那末，你们只懂得应用科学本身是不够的。关心人的本身，应当始终成为一切技术上奋斗的主要目标；关心怎样组织人的劳动和产品分配这样一些尚未解决的重大问题，用以保证我们科学思想的成果会造福于人类，而不致成为祸害。当你们埋头于图表和方程时，千万不要忘记这一点！"①

科学家和技术专家对其研究应该负有社会责任这种观念，并不是从来就是如此的。在科学还是"小科学"的时代，由于所谓的科学技术研究就是有钱有闲者们——如波义耳、拉瓦锡、卡文迪什等——自娱自乐式的消遣活动，一方面他们不受社会利益集团的资助，因而摆脱了社会的影响，另一方面他们的研究也没有像今天这样被广泛地应用在社会当中。正像贝尔纳指出的那样，"当时，很少有人去考虑科学的社会功能。如果有人考虑这个问题的话，他们当时也认为，科学的功能便是普遍造福于人类。科学既是人类智慧的最高贵的成果，又是最有希望的物质福利的源泉。"②在这种情况下，无所谓科学的社会责任问题。至20世纪三四十年代，局面完全不同了。"科学之所以能够在它的现代规模上存在下来，一定是因为它对它的资助者有其积极的价值。科学家总得维持生活，而他的工作极少是可以立即产生出产品来的。用前一代的一位剑桥大学教授的话来说，科学研究工作已经不再是'供一位英国绅士消遣的适当工作'了。美国若干年以前进行的一次调查统计说明，在这个国家200名最著名的科学家当中，只有两个人是富有家财的，其余的人都担任有报酬的科学职位。今天的科学家几乎完全和普通的公务员或企业行政人员一样是拿工资的人员。即令他在大学里工作，他也要受到控制整个生产过程的权益集团的有效控制。科学研究和教学事实上成为工业生产的一个小小的但却是极为重要的组成部分。"③科学家在这个时候，已不能与资助他的社会完全割裂了，科学必须为社会做些有用的事，科学家开始认识到自己的社会责任。1936年，一些英国科学家急切地来到巴黎，与法国著名物理学家朗之万、约里奥-居里等人讨论"科学家

① [美]爱因斯坦：《爱因斯坦文集》(第3卷)，许良英，赵中立，张宣三译，商务印书馆，1979年，第73页。
② [英]J. D. 贝尔纳：《科学的社会功能》，陈体芳译，广西师范大学出版社，2003年，第3页。
③ 同②，第15页。

能做些什么”的问题，并建议组织一个科学家的国际组织，来敦促科学正当地应用于建设，反对危害人类的倾向。该提议直接促成了1946年“世界科学工作者协会”的成立。越来越多的科学家开始认识到，肩负社会责任是自己的使命。

针对一些科学家的“纯科学研究无须考虑伦理道德”的言论，美国科学社会学家巴伯也批判道：“这种观点的危险是，社会可能会把科学家认为是一个无责任感的群体。”①但是，科学家究竟应该承担什么样的社会责任呢？巴伯认为有3种不同观点：②一种观点认为，科学家对自己的发现和发明的社会后果负有某种一般的社会责任。另一种由极少数科学家所持的观点认为，应明确承认对于科学之社会后果的总责任，并且试图阻止其中某些最令人憎恶的后果。但这种要求科学家对社会负有道德责任的极端观点，遭到了许多科学家的公开批评，因为这种要求尽管完全是善意的，却是不现实的，因为他不可能预见到他的成果引发的后果，除非他完全停止自己的科学工作。第三种观点表达的是愤恨。这种愤恨表现为，既有科学家对自己出其不意地承担太多的社会责任感到不满，也有对外行人把这样的责任强加给科学家而令他们感到不满。显然，让科学家承担所有的责任既是不合理的，又是不可能的。而科学家所应该承担的责任，只是在科学作为一种社会建制这样的前提条件下，科学家所应当承担的一般社会责任。而且，“社会责任很大程度上是一件自愿承担的道义责任问题，我们中的所有人都承担这种责任，科学家与非科学家是一样的”③。这就是说，作为一种社会建制的科学技术，和其他社会建制一样，而每一建制的从业者都同样肩负他们那个建制所应肩负的责任。至于这些科学技术的社会应用所带来的社会问题，理应在科学家和技术专家的一般责任之外。也就是说，科学家和技术专家对自己创造出来的知识的社会应用不负任何社会责任。之所以如此，是因为科学的社会后果问题是一个“社会问题”。这个社会问题仅靠科学本身是无法解决的。但是，这并不意味着科学家和技术专家在担负起一般种类的社会责任之外，就不再有其他种类的社会责任了。“在今天这个社会中，科学家们相对于其他建制中的人们以及社会公众而言，他们显然更具有专业方面的素养，他们对于科学成果应用于社会，以及在这种应用过程中可能产生的后果，应当能够比其他人给出更为可靠和准确的科学判断。因此，在科学成果需要应用

---

① ［美］B. 巴伯：《科学与社会秩序》，顾昕，等译，生活·读书·新知三联书店，1991年，第271页。

② 同①，第266－267页。

③ 同①，第271页。

于社会的时候,科学家有不可推卸的责任对此应用进行有效的科学技术评价。科学家们在对于科学转化为实际技术成果的过程中,应当有一个完善的技术评价系统。科学家们应当而且也能够为社会提供更加安全有效的技术保障。"①显然,科学家虽然不能左右社会和政治家来决定某项科学技术的善用或恶用,不能完全预料某项科学技术的社会应用的社会后果,但是,他们"可以根据自己的道德良知去建议人们,应该从事哪些课题研究,应该怎样运用这些研究成果为人类造福;可以根据自己的道义责任去促进那些善的课题研究与社会利用,阻止那些可能是恶的课题研究与社会利用"②。

当然,我们也知道,"基础研究中科学发现的发生和后果,实际上不可能预见到。不过,科学共同体必须认识到此类发现的可能性,并准备好通报这些发现提出来的问题……他们有责任提醒人们关注相关的公共问题。他们可以建立起一个适当的公共论坛,专家们可以从不同的视角对即将到来的问题进行探讨。他们然后可以设法达成一个可以向公众发布的具有明智判断的共识"③。

在呼唤科学家和技术专家内心的道德良知的同时,我们也要运用行为规范和道德规范标准,从外部对科学家和技术专家的行为予以制约和规范。1946 年世界科学工作者协会成立的时候,就提出其宗旨,明确了科学家的行为规范:充分利用科学促进和平与人类幸福,尤其要保证科学应用要有利于解决当前的迫切问题;鼓励改进科学教学,在各国人民中普及科学及其社会影响的知识;鼓励科学工作者积极参加公共事物,并使他们更自觉地关心社会中起作用的进步力量。1949 年国际学者联合会通过的《科学家宪章》,进一步规定了科学家的道德规范:要保持诚实、高尚、协作的精神;要了解自己所从事工作的意义和目的,弄清有关的道义问题;要使科学的发展有益于全人类的利益;要促进国际科学合作,维护世界和平。1958 年,第三次帕格沃希(Pugwash)会议通过的《维也纳宣言》明确指出科学家的事业所具有的意义。宣言指出,由于科学家具有专门的知识,科学家们能预先见到由自然科学的发展所产生的危险性,并能清楚地想象出同自然科学发展相联系的远景,因而,他们在这方面对解决我们时代目前最紧要的问题具有特殊的权利,同时肩负特殊的责任。1999 年,世界科学大

---

① 郑慧子:《科学家的社会责任》,《武汉科技大学学报》(社会科学版),2001 年第 4 期。

② 王贵友:《科学技术哲学导论》,人民出版社,2005 年,第 390 页。

③ 美国科学工程与公共政策委员会:《怎样当一名科学家:科学研究中的负责行为》,刘华杰译,北京理工大学出版社,2004 年,第 51 页。

会通过的《关于科学与科学知识的应用的宣言》和《科学纲领——行动框架》又明确指出，科学家要做出承诺，通过自身行动，体现高标准的道德；国际科技界要制定科学家职业道德规范……科学家要承担对社会应尽的责任……与社会分享知识，与公众交流，并教育年轻一代。[1]

---

① 美国科学工程与公共政策委员会：《怎样当一名科学家：科学研究中的负责行为》，刘华杰译，北京理工大学出版社，2004年，第75－76页。

附　录

著名哲学家、科学家关于科学本质和科学创新的论述

1. 一个理论可以用经验来检验，但是并没有从经验建立理论的道路。像引力场方程这样复杂的方程，只有发现逻辑上简单的数学条件才能找到，这种数学条件完全地或者几乎完全地决定着这些方程。但是，人们一旦有了那些足够有力的形式条件，那么创立理论，就只需要少量关于事实的知识。

《爱因斯坦文集》（第1卷），许良英，赵中立，张宣三译，商务印书馆，2010年，第43页。

2. 几何学并不研究它所涉及的观念同经验客体之间的关系，而只研究这些观念本身的逻辑联系。

《爱因斯坦文集》（第1卷），许良英，赵中立，张宣三译，商务印书馆，2010年，第150页。

3. 渴望看到这种先定的和谐，是无穷的毅力和耐心的源泉。

《爱因斯坦文集》（第1卷），许良英，赵中立，张宣三译，商务印书馆，2010年，第173页。

4. 只要数学的命题是涉及实在的，它们就不是可靠的；只要它们是可靠的，它们就不涉及实在。

《爱因斯坦文集》（第1卷），许良英，赵中立，张宣三译，商务印书馆，2010年，第217－218页。

5. 但是在原则上，试图单靠可观察量来建立理论，那是完全错误的。实际上，恰恰相反，是理论决定我们能够观察到的东西。

《爱因斯坦文集》（第1卷），许良英，赵中立，张宣三译，商务印书馆，2010年，第314页。

6. 科学研究能够破除迷信,因为它鼓励人们根据因果关系来思考和观察事物。在一切比较高级的科学工作的背后,必定有一种关于世界的合理性或者可理解性的信念,这有点像宗教的情感。

《爱因斯坦文集》(第 1 卷),许良英,赵中立,张宣三译,商务印书馆,2010 年,第 364 页。

7. 我们希望观察到的事实能从我们的实在概念逻辑地推论出来。要是不相信我们的理论构造能够掌握实在,要是不相信我们世界的内在和谐,那就不可能有科学。这种信念是,而且永远是一切科学创造的根本动力。

《爱因斯坦文集》(第 1 卷),许良英,赵中立,张宣三译,商务印书馆,2010 年,第 520 页。

8. 从有点像马赫的那种怀疑的经验论的人出发,经过引力问题,我转变成为一个信仰理性论的人,也就是说,成为一个到数学简单性中去寻求真理的唯一可靠源泉的人。逻辑上简单的东西,当然不一定就是物理上真实的东西。但是物理上真实的东西一定是逻辑上简单的东西,也就是说,它在基础上具有统一性。

《爱因斯坦文集》(第 1 卷),许良英,赵中立,张宣三译,商务印书馆,2010 年,第 522 页。

9. 事实上,我相信,甚至可以断言:在我们的思维和我们的语言表述中所出现的各种概念,从逻辑上看,都是思维的自由创造,它们不能从感觉经验中归纳地得到。

《爱因斯坦文集》(第 1 卷),许良英,赵中立,张宣三译,商务印书馆,2010 年,第 557 页。

10. 西方科学的发展是以两个伟大的成就为基础的,希腊哲学家发明形式逻辑体系(在欧几里得几何学中),以及(在文艺复兴时期)发现通过系统的实验可能找出因果关系。在我看来,中国的贤哲没有走上这两步,那是用不着惊奇的。做出这些发现是令人惊奇的。

《爱因斯坦文集》(第 1 卷),许良英,赵中立,张宣三译,商务印书馆,2010 年,第 772 页。

11. 我们不以官能的感觉为智慧,当然这些给我们以个别事物的最重要认识。但官感总不能告诉我们任何事物所以然之故——例如火何为而热;他们只说火是热的。

亚里士多德:《形而上学》,吴寿彭译,商务印书馆,1959 年,第 3 页。

12. 明显地,智慧就是有关某些原理与原因的知识。

亚里士多德:《形而上学》,吴寿彭译,商务印书馆,1959年,第3页。

13. 原理与原因是最可知的;明白了原理与原因,其他一切由此可得明白。

亚里士多德:《形而上学》,吴寿彭译,商务印书馆,1959年,第4页。

14. 古今来人们开始哲理探索,都应起于对自然万物的惊异;他们先是惊异于种种迷惑的现象,逐渐积累一点一点的解释,对一些较重大的问题,例如日月与星的运行以及宇宙之创生,作成说明。一个有所迷惑和惊异的人,每自愧愚蠢;他们探索哲理只是为想脱出愚昧,显然,他们为求知而从事学术,并无任何实用的目的。

亚里士多德:《形而上学》,吴寿彭译,商务印书馆,1959年,第5页。

15. 显然,我们应须求取原因的知识,因为我们只能在认明一事物的基本原因后才能说知道了这事物。

亚里士多德:《形而上学》,吴寿彭译,商务印书馆,1959年,第6页。

16. 哲学被称为真理的知识自属确当。因为理论知识的目的在于真理,实用知识的目的则在其功用。从事于实用之学的人,总只在当前的问题以及与之相关的事物上寻思,务以致其实用,于事物的究竟他们不予置意。

亚里士多德:《形而上学》,吴寿彭译,商务印书馆,1959年,第33页。

17. 它具有完全无可置疑的可靠性,也就是说,具有绝对的必然性;它不根据任何经验,因而它是理性的一种纯粹产物,此外它又是完全综合的。那么人类理性怎么可能产生出像这样的一种完全先天的知识呢?这种能力既然不根据,也不可能根据经验 ,那么难道不能假定它是根据先天的知识吗?

康德:《未来形而上学导论》,庞景仁译,商务印书馆,1978年,第38页。

18. 自然界的最高立法必须是在我们心中,即在我们的理智中,而且我们不是通过经验,在自然界里去寻求自然界的普遍法则;而是反过来,根据自然界的普遍的合乎法则性,在存在于我们的感性和理智里的经验的可能性的条件中去寻求自然界。

康德:《未来形而上学导论》,庞景仁译,商务印书馆,1978年,第92页。

19. 理智的(先天)法则不是理智从自然界得来的,而是理智给自然界规定的,这话初看起来当然会令人奇怪,然而却是千真万确的。

康德:《未来形而上学导论》,庞景仁译,商务印书馆,1978年,第93-94页。

20. 按其本义来称谓的自然科学首先是以自然的形而上学为前提的;所以,一事物的定在所隶属的必然性原则或法则关涉的是一个不能被构想出来的概念,理由是这定在不能在先天直观中加以描述。于是,本义上的自然科学要以自然的形而上学为前提。

康德:《自然科学的形而上学基础》,邓晓芒译,上海人民出版社,2003年,第5页。

21. 关键是我们必须为准备建立的论证打好基础。从假说中演绎出必然的结论,然后看它们是否与事实一致。如果事实与假设的结论不一致,那么后者就被挫败了,我们就不得不去尝试别的假说。

罗素:《西方的智慧》,崔权醴译,文化艺术出版社,1997年,第141页。

22. 知识的最终定义企图与如下论述一致:所谓知识就是由论证支持的正确判断,缺乏论证就不存在知识。

罗素:《西方的智慧》,崔权醴译,文化艺术出版社,1997年,第148页。

23. 事实上,希腊哲学的主导概念之一正是逻各斯,我们首次遇到这一术语是在论及毕达哥拉斯与赫拉克里特的时候。它包括语词、量度、准则、论证、原因等不同含义。如果我们想抓住希腊哲学的精神,就必须牢记这一系列含义的重要性。“逻辑”这个术语显然就是由它派生而来的。逻辑学就是有关逻各斯的科学。

罗素:《西方的智慧》,崔权醴译,文化艺术出版社,1997年,第174-175页。

24. 逻辑学似乎不属于其中任何一类,因此它不是通常意义上的一门科学,而是处理问题的一种普遍性方法,对科学来说是不可或缺的。它提供了识别和证明的标准,而且应当被视为影响科学研究的工具或手段,亚里士多德在谈及逻辑时所使用的希腊语“工具论”正是这个意思。

罗素:《西方的智慧》,崔权醴译,文化艺术出版社,1997年,第175-176页。

25. 首先,我们如果没有一种本能的信念,相信事物之中存在着一定的秩序,尤其是相信自然界中存在着秩序,那么,现代科学就不可能存在。

怀特海:《科学与近代世界》,何钦译,商务印书馆,1959年,第4页。

26. 这里面引人注目的主要因素一共有三个:第一是数学的兴起,第二是对于无微不至的自然秩序的本能信念,第三是中世纪后期过火的理性主义。我们说的这种理性主义,指的是一种信念,认为发现真理的途径主要必须通过对事物本质的形而上学的分析,而且通过这种分析就能决定事物是如何活动和发生作用的。

怀特海:《科学与近代世界》,何钦译,商务印书馆,1959年,第38页。

27. 留基伯提出了原子论的基本概念,还提出了因果原则——"没有什么事情无缘无故而发生,一切事情的发生都有原因和必然性"。

丹皮尔:《科学史及其与哲学和宗教的关系》,李珩译,商务印书馆,1975年,第60页。

28. 因此毕达哥拉斯派与新柏拉图派总是要在自然界中寻找数学关系,关系愈简单,从数学上看来就愈好,因而从这个观点来看也就愈接近于自然。

丹皮尔:《科学史及其与哲学和宗教的关系》,李珩译,商务印书馆,1975年,第171页。

29. 不幸,科学主要是为了发展经济的观念,传播到了许多别的国家,科学研究的自由又遭到了危险。科学主要是追求纯粹知识的自由研究活动,如果实际的利益随之而来,那是副产品,纵然它们是由于政府资助而获得的发现。如果自由的、纯粹的科学遭到忽略,应用科学迟早也会枯萎而死的。

丹皮尔:《科学史及其与哲学和宗教的关系》,李珩译,商务印书馆,1975年,第634页。

30. 我们的意见之所以分歧,并不是有些人的理性多些,有些人的理性少些,而只是由于我们运用思想的途径不同,所考察的对象不是一回事。因为单有聪明才智是不够的,主要在于正确地运用才智。

笛卡尔:《谈谈方法》,王太庆译,商务印书馆,2000年,第3页。

后 记

根据教育部有关研究生政治理论课的调整方案,从2012年开始,“自然辩证法”课程从原来的理工农医管类硕士生必修的政治理论课改为政治理论公选课,学时和学分也从原来的54学时和2学分分别调整为18学时和1学分。当然,以长期从事自然辩证法教学和科研工作的笔者的观点看,这种调整是不适当的,它严重影响了未来科技工作者的创新思维和创新能力。因为科技工作者要想在科学技术研究方面取得重大突破,做到有所发现、有所发明、有所创新,首先就必须从更高层面或哲学层面认识清楚科学技术的本质、科学与技术之间的关系、科学技术与哲学宗教之间的关系、科学技术活动和创新的社会文化背景等基本问题,而自然辩证法课程恰恰可以为此提供有益的理论指导。

基于自然辩证法课程学时、学分的削减和教育部新大纲内容调整的考虑,我们对2009年版的《自然辩证法简明教程》的内容进行了较大幅度的修改和增删,按照新大纲的要求出版了这本《自然辩证法简明教程新编》作为硕士生的“自然辩证法”课程的新教材。

新教材内容的具体分工是:钱兆华撰写绪论,第一章的第一节,第二章的第三节,第四章第四节的第一部分,第三章;李丽撰写第一章的第二节,第二章的第一、二节,第二章第四节的第二部分;文剑英撰写第四章。

尽管进行了削减,但对于18学时的课程而言全书内容仍然较多,因此,教师在教学过程中可以根据实际情况进行适当调整。

书中如有不当之处,欢迎读者和专家质疑和指正。

编 者

2017年6月